人工知能と社会

2025年の未来予想

AIX（人工知能先端研究センター）／監修

栗原 聡・長井 隆行・小泉 憲裕
内海 彰・坂本 真樹・久野美和子
／共著

Ohmsha

発刊にあたって

現在の人工知能ブームは、大規模なデータと計算能力が利用できるようになったタイミングで、ディープラーニング（深層学習）という非常に強力な機械学習の手法が編み出されたことが最大の理由である。ディープラーニングの登場によって、超高次元の非線形空間での学習が可能となり、従来では到達できなかった精度で画像や音声など周囲の世界の認識や音声や映像などの生成、機械翻訳、さらにはロボットの動作の制御が可能となった。これは、多くの場合、ディープラーニングと強化学習などの組み合わせによるもので、ディープラーニングによって可能となった高精度な学習を他の手法との組み合わせで、より切れ味のよいものにしている。特に、グーグル・ディープマインド社のチームによるAlphaGoは、囲碁という非常に難しいゲームにおいて人間のトッププレーヤーにことごとく勝利するなど、極めて印象深い結果をもたらした。これは、ディープラーニング、強化学習、モンテカルロ探索などの組み合わせで実現されている。現在のチャレンジは、ゲームの世界からより複雑で定義しにくい実世界での応用に重心が移っており、その領域でも続々と成果が出始めている。

我々は、この技術をどのように使っていくべきであろうか？　本書のタイトルにもあるように、2025年、我が国は、急激な高齢化という問題に直面している。これは、労働人口の減少と社会保障負担の増大、さらにはそれに起因する国家財政の逼迫という極めて深刻な事態を招くと議論されている。確かに、今までの延長上で考えればそうなるであろう。それを受け入れるならば、将来は明るいものではない。栗原氏ら本書の執筆陣の論点は、この問題の克服に人工知能が重要な役割を果たすというものである。

日本がこれから直面する労働人口の減少は、ともすれば雇用機会の減少と関連して議論される人工知能とロボットの導入にとっては追い風である。人口が増えている地域では、若年失業率が極めて高いところも多く、そこにさらに人工知能やロボットを導入することは、社会的問題をさらに拡大させる危険がある。しかし、労働力不足という問題に直面する我が国では、人工知能とロボットはむしろ歓迎される存在であろう。これらの技術を利用して、生産性の劇的な向上を達成する必要がある。人工知能のもたらすものは生産性だけではなく、より安全な交通や個別的かつ精度の高い医療診断や治療計画の策定、さらには人間の能力の拡張など多岐にわたるであろう。同時に、その影響も大きい。人工知能を有効に利用できるグループ（企業や個人）とそれを利用できないグループの間での格差の拡大などが考えられる。これらの問題をどれだけ回避し、緩和できるのかは非常に重大な課題である。

もちろん人工知能の研究者や人工知能を軸に事業を展開するビックプレーヤーたちもこの問題は認識しており、「Partnership on AI」など、人工知能をいかに人類の将来のために使っていくべきか、その潜在的問題点を回避・緩和するために何をするべきかに関して活発な議論が交わされている。その中には、公共財としての人工知能（AI as Social Goods）や、AI for SDGs（SDGs = Sustainable Development Goals）など人工知能を人類や国際社会が直面する大きな問題を解決するために積極的に使っていくことが、この技術を持つことができるものの責務であるという考えが色濃く出ている。

人工知能の開発競争は、米国と中国の二大勢力を軸として欧州勢も関わる国際的な競争となっている。この中で、日本がどれだけの存在感を見せ、産業競争力やよりよい社会を作るために貢献できうるかは、今後の我が国とそこに暮らす我々の生活に大きな影響を与えるであろう。人工知能とロボットの実社会への導入は、単なる技術論ではなく、産業構造の変革、社会のあり方や個人の世界観、さらには人間の本質的な欲望や幸福感などにまで踏み込み、総合的に考えた上での展開が必要となる。同時に、いつまでも考えてばかりいるわけにいかないのも現実である。現状を加速し、迅速に展開する中で、多様で幅広い視点で手を打っていく必要がある。人工知能は、その導入までも俯瞰すれば、本質的にリベラルアーツの世界である。つまり、人間とそれによって構成される社会のありよう、いかに我々がより自由になるのか、逆に束縛へ至るのかに関わるともいえる。人工知能に関わるものとしては、この技術は、より多くの人々に、幸福と自由を与えるように展開してほしいと思う。本書が、そのような俯瞰的な議論を触発するきっかけになれば、素晴らしいことだと思う。

2018年1月

株式会社ソニーコンピュータサイエンス研究所　代表取締役社長・所長
特定非営利活動法人システム・バイオロジー研究機構　会長
北野宏明

はしがき

　そもそも知能とは何なのであろうか？　すべての人工知能研究者とは言わないが、同胞であれば一度はこの問題に頭を悩ませたことがあるはずである。筆者はというと、この問いに何十年も悩まされている。でも、大学を卒業し企業の研究所に入所し、人工知能についての研究を始めたころ、そして准教授として大阪大学に転籍したころ、そして教授として電気通信大学に着任したころ、そして電気通信大学に人工知能先端研究センターを立ち上げたころ、……と年月が進むにつれて、多くの産官学の方々との交流、そして、さまざまな研究分野からの知識を得ることを通して、徐々に自分としての知能というものの定義が見え始めている。見え始めているということは、自分なりの人工知能をいよいよ創る時が来つつあるということでもある。もちろん、自分が創ろうとしている人工知能が真に皆も認めてくれる人工知能と呼べるモノであるかは分からない。だが、実際に創ってみて、動かしてみることで、納得できるものができたのかどうかが分かる。まずは行動しなければ何も始まらない。人工知能先端研究センター（通称ＡＩＸ）もそのような勢いで設立に至っている。無論、学長、理事、ＡＩＸメンバーの皆のチームプレイの結果としてのセンター設立であり、国立大学では初の人工知能研究拠点という称号も得た。動けばいろいろな反応が起きるのである。

　現在大盛り上がりの第３次人工知能ブームであるが、それは主に開発においてであり、研究においては焦るばかりである。ＩＣＴやＯＳなど、これまでの情報処理界隈において、日本初のすばらしい発明は多数あるものの、残念ながら日本初の技術が世界的な標準化に至り、日常生活で役立っているモノが想像できるであろうか？　パソコンのＯＳであるＷｉｎｄｏｗｓ、ｍａｃＯＳはどこ製か？　その波が今、人工知能に津波のように押し寄せている。その津波とはディープラーニングであり、津波を発生させているのは、主に米国である。そして、米国に続き急速に成長しているのが中国である。そのディープラーニングであるが、現在の人工知能は「知的ＩＴ技術」と呼ぶほうが実体に則しており、次世代の人工知能として「汎用人工知能」や「自律型人工知能」といったキーワードが一般メディアでもちょくちょく見かけるようになってきている。

一般メディアが取り上げ始めているということは、まずい状況なのである。米国の巨大な人工知能企業が次世代人工知能にも触手を伸ばしたら、あっという間に創られてしまうかもしれない。実際、Deep Mind 社のデミス・ハサビス氏が、著名な人工知能の国際会議の基調講演で今後の研究開発の方向性として汎用人工知能開発を宣言してしまっているのだ。

全部食われたのなら、もはや日本として人工知能研究開発に国が研究費を投じることは不要であろう、と考える研究者もいるくらいである。ただし、まだ誰も次世代型人工知能を完成させてはいない。そのような状況で、日本にも少しはチャンスがあるかもしれない、いや、日本ならではの人工知能が創れるかもしれない、そのためには動くしかない、という研究者がやはりいるのである。本書の共著者は少なくともそのような考えを持って動いているし、そのような研究者を筆者は相当数名前を挙げることができる。まだ日本にもチャンスはあるのである。

一方、日本は、日本独自の問題も抱えている。その象徴的数字が「２０２５」である。２０２５年は団塊の世代が後期高齢者になる年であり、急激な少子高齢化が訪れるのである。では、我々はどうすればよいのか？　もちろん、研究や開発を着々を進めなければならないことは自明として、一般社会への情報発信も極めて重要だ。一昔前の我々であれば、論文を書いて、共同研究して、発表して、の繰り返しだと言えよう。しかし、ネット社会の現在において、１人の発信した情報が世論に大きな影響を及ぼすこともありえる昨今、人工知能研究の実体を理解していただくことが極めて重要なのである。正直、人工知能という言葉の持つパワーはすさまじく、一般社会としては、人工知能＝ターミネーター・ドラえもん・脅威……といったニュアンスであり、現実の人工知能研究の実体とはだいぶ開きがある。そして、もう1つの懸念が２０２０年である。オリンピックである。開催後にオリンピックロスが訪れるのは歴史が証明している。やはりお祭りが終わると寂しいわけで、しかも、２０２０年というお祭りに向かってさまざまな人工知能に関するプロジェクトが着々と進行中である。もちろん、当事者たちはまじめにプロジェクト完成に向かって作業をしているわけだが、一般社会の人工知能への期待が大きすぎるのである。つまりは「思っていたほどのことではないな」「期待しすぎた」などの反応が出る可能性があり、これが人工知能研究推進のブレーキになってはいけない。つまりは、実体を理解していただき、その延長として人工知能への期待を膨らませてもらえるような情報発信が必要なのである。

本書は２０２５年という日本における大きな構造変化に焦点をあて、そのときまでに人工知能研究開発がどのように進展するのかについて、単に技術論ではなく、人工的に知能を創るというからには、そもそも知能とは何か？　人はなぜ知能を発揮できるのか？　といった根源的な問題についても考察する。

一般の読者はもちろん、特に人工知能研究開発に関わっておられる産官学におけるマネジメントに関わる方々にお読みいただきたい。人工知能という学問は、単なる技術についての学問ではなく、哲学的、また我々人間と密接の関わる学問であり、人、特に脳の不思議に始まり、生命、そしてその頂点に君臨する人のすばらしさを再認識する学問なのである。本書が人工知能の今後の研究開発へのヒント、そして人間って何だ？　という根源的な疑問を感じていただくきっかけとなれば著者一同幸いである。

２０１8年1月

著者を代表して　栗原　聡

目次

第1章 2025年がやって来る！
電気通信大学大学院情報理工学研究科教授
人工知能先端研究センター長
栗原 聡
1

第2章 ロボットと人工知能
電気通信大学大学院情報理工学研究科教授
人工知能先端研究センター教授
長井隆行
17

第3章 IoTとは
時間・空間・人–物間をつなげることの効果とインパクト
電気通信大学大学院情報理工学研究科
准教授
小泉憲裕
65

第4章 自然言語処理と人工知能
内海 彰 電気通信大学大学院情報理工学研究科教授 人工知能先端研究センター教授
99

第5章 人工知能における感性
坂本 真樹 電気通信大学大学院情報理工学研究科教授 人工知能先端研究センター教授
139

第6章 社会に浸透する汎用人工知能
栗原 聡 電気通信大学大学院情報理工学研究科教授 人工知能先端研究センター長
177

あとがき……219
著者紹介……229
索引……235

第1章
2025年がやって来る！

電気通信大学大学院情報理工学研究科教授
人工知能先端研究センター長
栗原　聡

第3次人工知能ブーム来たる

これまで、ＩＴ、ビッグデータ、ＩｏＴとさまざまなキーワードが新聞をにぎわせてきたが、２０１０年代の主役は間違いなく人工知能であろう。実際、人工知能という単語が入っているだけで新聞・雑誌の売れ行きが違うのだという。国の今後のＩＴ戦略でも人工知能は重要な柱となっている。「わが社の人工知能への取り組みはどうなっているのだ？」と社長が部下に詰め寄り、困った社員が人工知能研究拠点や人工知能ベンチャー企業に駆け込む、といった構図も多発している。実際、深層学習技術で高い能力を持つある人工知能ベンチャーは「人工知能駆け込み寺」として紹介されているくらいである。今から人工知能をやってないと落ちこぼれてしまうという恐怖感があるようだ。マスコミ・メディアとしても、人工知能に関する話題を日々チェックするという余計な仕事が増えてしまっているようだ。そして、その余波が最後はわれわれ研究者にやって来る。

研究を職業とする筆者のこれまでの日常は、学生の教育を行い、研究してその成果を学会などで発表し、たまに学会関連で講演を行うといったものであった。一見地味に思えるかもしれないが、学会活動においてかなり多くの国内外出張も発生するし、研究交流においてさまざまな方との人的ネットワークも生まれる。企業との共同研究や、国家的研究プロジェクトに携わる機会もある。また中央省庁にて国の戦略決めに関わるということもあり、筆者は置いておくとして、アクティブな研究者たちはとにもかくにも超多忙なのである。

そこに、先ほどのメディアからの問い合わせという余波が押し寄せることになった。これは今までにない展開である。筆者も恥ずかしながらＴＶやラジオに出させていただく機会が激増している。本書著者陣の１人である坂本先生に至っては、有名芸能プロダクションと契約してさえいる。初めての生放送は、それは緊張したが、慣れとは怖いものである。つい最近出演させていただいた番組が終わったあとでは、「あの言い回しはよくなかった」とか「あれを言い忘れた」とか反省するレベルになっている。編集が入る番組だと安心するようになってしまった。マスコミにいいように踊らされているようにも思えるが、実際はその逆で貴重な場として捉えている。

人工知能は工学である。つまりは役に立たねば意味がない。もちろん「知能・知性とは何か?」や「脳が知能を生み出す仕組みの解明」といった、真理を追究する取り組みもあるが、その先は、どのような知能をどのように利活用するのか、という展開にやはりなる。となると、日頃の研究をいかに分かりやすく一般社会に説明するか、ということもとても重要な活動となるのだが、早い話がなかなか面倒な作業である。研究するほうが楽しいのは当たり前だろう。

そこで、まず目を付けたのがSF小説である。筆者の学会活動の主たる場は人工知能学会だが、その学会が発行する学会誌の編集長を担当させていただいた頃、SF作家と人工知能研究者とのコラボレーションとして、SFショートショートという短編小説を学会誌に掲載する企画に携わった。毎号異なる作家による作品が掲載され、それらをまとめた単行本が出版されている［人工知能2017］（注1）。

SF小説はその時代の科学技術を分かりやすく一般に伝えるメディアとしての役割も持っている。人工知能技術の1つに遺伝的アルゴリズムという生物の進化を模した手法があるのだが、その説明としていまだに［沈黙2006］での説明の仕方が最も明確だと思うほどだ。

しかし、誰でもSF作家のように文章が書けるわけがない。そこで、メディアの登場となる。無論、こちらからいきなりメディアに人工知能について一般に説明させてほしいといっても無理であろう。しかし、今回の人工知能ブームのおかげで、大手を含むさまざまな報道メディアが人工知能に関心を持ち、われわれに一般社会との接点を用意してくれる展開になったのである。これは貴重な機会であると同時

（注1）［］内は参考文献です。各章末にまとめてあります。

に、積極的にメディアを通して一般社会に対して人工知能研究開発の現状について情報発信をしなければならない状況となったということでもあるのだ。なぜなら、一般社会と人工知能の研究・開発の現場とでの人工知能に対する捉え方に、想像以上の違いが生まれてしまっているようなのである。一般雑誌やメディアの記者・ライターからの取材や彼らとの意見交換を通して、一般社会における人工知能に対するイメージを把握できるわけだが、極論を言えば、「人工知能＝ターミネーター＝脅威」という図式になってしまっているのだ。

なぜこのような事態になったのかというと、大きく2つがトリガーになっていると考えている。1つが、レイ・カーツワイルの「シンギュラリティ」であろう。「２０４５年に人工知能が人類を追い抜く」という短いフレーズは衝撃的であり、この情報のみが一人歩きしてしまったことが、人工知能脅威論に大きな影響を与えたことは間違いない。本書では２０２５年が主役なのだが、その前に２０４５年について触れておこうと思う。

２０４５年に何が起こるのか？

２０４５年に何が起こるのか？　シンギュラリティとは何か？　われわれは今や計算するときには当たり前のように電卓を使う。高度な表計算が必要なときには表計算ソフトを使い、文章を書くにはワープロソフトを利用する。なぜ利用するのか？　「正確」で処理も圧倒的に「速く」、要は「便利」だからである。そもそも道具とはわれわれの身体能力を拡張することが目的であり、逆の言い方をすればわれわれの能力の置き換えである。電卓も見方によっては、「計算する能力を奪われた」ともいえるし、「計算する能力を放棄した」ともいえる。ワープロを使うようになって手書きの頻度が少なくなったことで漢字を書くことが苦手になった人が増えたが、これも、ワープロソフトを使うことになったことで、手で書くという作業が「奪われた」といえるし、「手で書くことを放棄した」ともいえるのだ。そう、われわれは便利な道具はちゅうちょせずに利用するのである。移動するときには当たり前のように自転車、自動車、電車、航空機を利用する。歩くよりもはるかに便利だからだ。日常生活の必需品の地位を獲得したスマホだって、便利だから使う。そして、スマホこそ人工知能技術の塊なのである。当たり前のように役立つかな漢字変換でさえ、人工知能技術が利用されている。グーグル検索にキーワードを入力すると、どうして適切なサイトが表示されるのだろうか？　ここにも人工知能技術が欠かせない。現在の人工知能技術は知的IT技術と呼んだほうがその実体に近いのだ。

人工知能という単語自体が残念ながらさまざまな誤解を招くことになっているようだ。人工○○という単語はいろいろある。人工心肺、人工降雪機、人工ダイヤモンドなど。人工的に○○を作る技術のことを人工○○と呼ぶわけであるが、当然ながら、○○がどういう仕組み、構造であるかが既知であるからこそ人工的に作ることができる。

よって、人工知能は人工的に知能を作る技術ということになるのであるが、知能とはそもそも何だろうか？　意外に思われるかもしれないが、知能の確固たる定義は存在しないのである。書籍（『人工知能2016』）では、十数名の人工知能研究者が、それぞれ知能の定義について持論を展開しているが、実に多様である。ただし、「何かしらの問題にぶつかったとき、その問題を解決して先に進む能力のこと」を知能と呼ぶという抽象的な定義においては、ほぼ共通した見解といえよう。しかし、問題を解決する能力といわれても、どのように解決するのかについての説明がなければ、それを人工的に作ることはできない。

現在の自然界において最も知的な生物は人であり、人こそが知能を持つという考え方も正しいが、果たして人だけが知能を持つのだろうか？　アリは知能を持たないのだろうか？　確かにアリはわれわれのように字を書いたり器用に道具を使ったりする高い知能は持ち合わせてはいない。しかし、自然界で生存するために驚くべき能力を持っている。夏になると、アリの行列をよく見かける。餌を巣穴に運ぶための行列である。しかもその行列は餌と巣穴を結ぶほぼ最短経路になっているのだ。アリはどうやって最短経路での行列を作り上げることができるのだろうか？　そもそもどうやって最短経路を探し出しているのだろうか？　鳥のV字飛行もよく見る光景であるが、あらためて考えると、どうやって、そしてなぜV字となるように整列しているのだろうか？　多数のイワシが1つの塊のようになって泳ぐシーンをテレビなどで見た読者も多いと思うが、どうやってあのようなきれいな塊を作り上げているのだろうか？

実は個々のアリは自分たちが最短経路を探しているという意識を持たずに歩き回っており、個々の鳥もV字を、そして個々のイワシも自分たちが塊を作っているなどという意識は持ってはいないのである。それにも関わらず、最短経路の探索やV字編隊の形成という、どう見ても知的な振る舞いが創発されているのだ。アリは人に比べればはるかに知性は低い。しかし、ではわれわれもアリのように2地点間の最短経路を見つけ出すことは可能だろうか？　もちろん、地図もＧＰＳもスマホも使ってはならない。人は問題を解決するために考えることができる。まさに考え最終的にはそのような状況でも最短経路を見つけ出す方法を編み出すとは思うが、かなりの時間がかかるだろう。アリも鳥も魚もちゃんと知能を持っているのである。

では、２０４５年にいったい何が起こるのだろうか？　人工知能が人を追い抜くとはどういうことなのだろうか？　例えば、２０４５年5月21日が追い抜かれるXデーだとして、5月14日には「あと7日で人類は人工知能に追い抜かれます！」などと騒いでいるのだろうか？　おそらくはそうではなく、人は人工知能に追い抜かれたことには気がつかないし、追い抜かれた前後で何かが劇的に変化する、ということもないと筆者は想像している。また、人工知能に追い抜かれるというが、人工知能それ自体には実体がなく、パソコンやスマホ、またロボットやAR・VR上でのCGで作られたキャラクターなど、実体に組み込まれなければその能力を発揮することはできない。いわば黒子のような存在である。つまりはロボットやVRなどの人工知能以外のさまざまな技術も、加速度的に進化する必要があるのだ。

ロボティクスとナノテクノロジーの進化は特に重要だろう。ナノボットが実現されることで、それを血管から投入して詳細な体内の状態を把握できるようになるだろう。もちろんデータの分析は人工知能の役目であるが、そもそもデータを収集する技術が実用化され

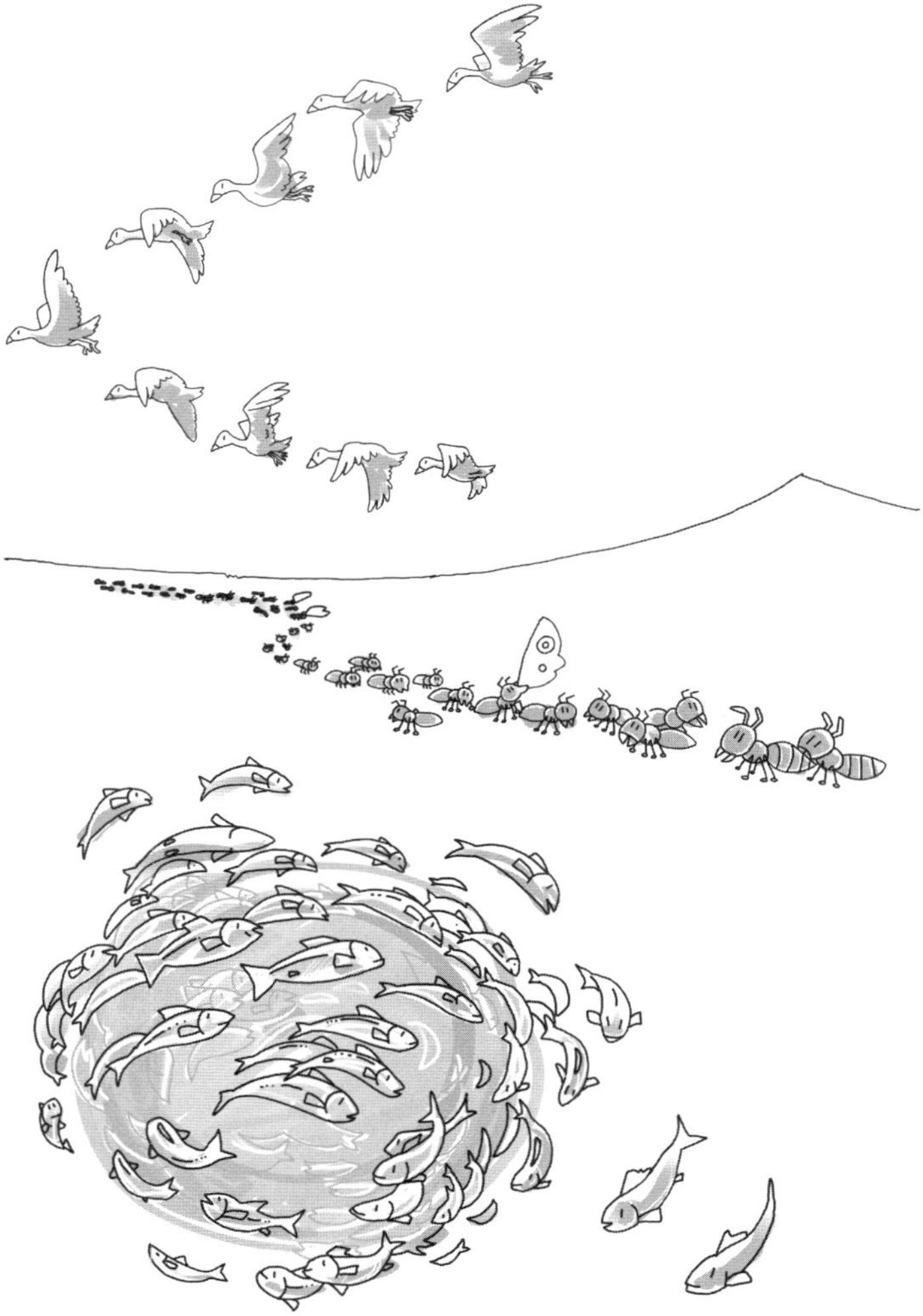

なければ、人工知能の出番はない。人工知能以外のさまざまな科学技術の加速的な進化も、シンギュラリティが実現するには必須なのである。

カーツワイルが２０４５年と算出したのにも理由はある。彼は人工知能を含むさまざまな科学技術がどのようにその性能が向上してきたのかを入念に調査した。そして、脳に対しても、これをコンピューターとして捉えればその計算能力などを数値化することはできる。それらのデータや、今後の人工知能技術の進展予測などから、人類全体の能力を人工知能が上回るのが２０４５年であろう、という結果が導き出されたのだ。しかも、抜かれるときが本当に来るとしたら、抜かれるのは一瞬であり、その直後には人工知能の能力は人と比較できるレベルではなく、「天と地ほどの差」となっていると考えるほうが自然なのである。前述したように、人工知能を含むさまざまな科学技術は加速度的に進化し、シンギュラリティが起こると想定される頃には垂直的な速度での進化となっているであろうからである。よって、映画『ターミネーター』のように人と人工知能とが戦いになるのは両者の力が均衡しているからだが、現実はそうはならない。人はアリを見つけてもその身体能力に敵意や脅威は抱かない。体の大きさから見ても、その能力から見ても、人とアリでは天と地ほどに違う。それと同じ構図である。人工知能が人に脅威を感じるようなことになるとは考えにくい。

そもそも、人が自分たちのために開発する人工知能なのだから、人と共生し、人を見守る存在としなければならない。筆者は講演会で、例えとして西遊記をよく引き合いに出す。孫悟空は自らの意思で觔斗雲《きんとうん》を乗り回し世界の端まで飛んでいく。すると、目の前に大きな柱が出現する。それはお釈迦《しゃか》様の指であり、自由に動き回っていたはずが、お釈迦様の手のひらの上にすぎなかったという一節である。お分かりかと思う。悟空が人であり、お釈迦様が人工知能というわけだ。これでは人には自由意志がなく、しょせんは人工知能に管理されていると思われるかもしれないが、水道や電気のような生活インフラと同じである。生活インフラはあって当たり前で、普段はその重要性をあまり意識しない。しかし、なくなるとその必要性を強く感じる。2045年頃は人工知能が生活のインフラとして定着しており、われわれの生活になくてはならない存在となっているだろう、ということである。そして、その予兆はすでに見え始めている。スマホが良い例だろう。

ディープラーニングの衝撃

第3次人工知能ブームをここまで加速させた主役がディープラーニング（深層学習）の登場である。ディープラーニングのメカニズムや利用方法などについては書籍も充実しつつあることからそれらにお任せするとして、本稿ではディープラーニングがなぜこれほど注目されるに至っているかについて簡単に触れておこうと思う。

人工知能（Artificial Intelligence）という言葉が誕生したのは最近のことと思われている読者もいるかもしれないが、実は60年くらい前のことなのである。1956年に米国ダートマスにて開催された会議にて、この言葉が初めて使われた。そして、今日までに、人が持つ知性を工学的に利用するためのさまざまな手法が編み出されてきたのだが、その1つに人の脳を手本とする手法があり、ディープラーニングもニューラルネットワークの仲間というか、ニューラルネットワークそのものなのである。脳を構成する神経細胞に相当する多数のニューロンを階層構造のように接続し、画像などを入力すると、その認識結果が出力される、といったパイプラインのような情報処理が行われる。従来のニューラルネットワークに比べてディープラーニングは、ニューロンの数と階層数が桁違いに大きく、それを可能とするための数々の技術革新が生み出されたことから、従来のニューラルネットワークと異なる新たな手法という意味もあり、ディープラーニングという新たな呼び名が付いたのである。

画像認識では人よりも高い認識性能を発揮し、ディープラーニングに基づく深層生成と呼ばれる手法で生成される画像は、それが人工知能によって生成された画像なのか、実際に撮影された画像なのかをもはや人が見抜けないほどのレベルとなっている。では、ディープラーニングという手法がなぜそのような高い性能を発揮できるのだろうか？　それには2つの理由が考えられる。

1つ目は、ニューラルネットワークという、脳をまねたメカニズム自体が優れているのではないか、ということであろう。脳は膨大な神経細胞が複雑なネットワーク構造を構成し、電気信号を伝搬させることで高度な情報処理を実現している。しかも、すべての神経細胞それぞれが独立して動作する超並列コンピューターであり、われわれが通常使用するパソコンのように、ＣＰＵを中心とする集中制御型のアーキテクチャではない。別の言い方をすると、神経細胞のような1つ1つは比較的単純な情報処理しか行わないコンピューター同士が互いに複雑なネットワーク構造で接続され、それぞれは共通する計算ルールに従った動作しかしないものの、それら全体としての挙動として高度な知能を生み出すことができるシステムなのである。

「全体として知能が生み出される」という部分が分かりにくいかもしれないが、実はこのようなシステムは身近にいろいろ存在する。群れを作る生き物たちが良い例である。夏、アリが餌を見つけると、それを巣に運ぶために多くのアリが、運ぶための行列を形成するのであるが、驚くべきことに巣と餌を結ぶ最短ルートになっている。つまり、アリは最短経路を見つける知能を持っているということになるのだが、個々のアリは最短経路を見つける目的を持って動き回っているわけでもなく、そもそものような意識は持ってはいない。にもかかわらず、アリ全体としてはそのような知能を生み出すことができている。まさに不思議である。

もちろん、アリはそれぞれ自分勝手に動き回っているのではなく、アリ同士でフェロモンという匂い物質を使ったコミュニケーションを行っている。ここでアリを神経細胞として見てみるとどうだろうか。それぞれの神経細胞は細胞として生きるための活動をそれぞれ行っているだけであり、ただし、他の神経細胞と情報通信ネットワークを形成しており、アリのフェロモンコミュニケーションのような、決まったルールで電気信号を伝搬し合う。すると、アリであれば群れとして最短経路を形成するという知能を生み出すように、神経細胞は群れることで高い知能を生み出している、と見ることができる。このような知能のことは「群知能」と呼ばれている。ディープラーニングも超多数のニューロンをネットワークで接続した構造であり、アリや神経細胞に比べると個々のニューロンはほぼ自由度のない構造ではあるが、群れることで知能を生み出す群知能の一種といえる。

2つ目はディープラーニングの特徴抽出能力の高さである。画像認識の研究には歴史があり、これまでさまざまな手法が提案されているが、そのほとんどが教師あり型である。われわれが何かを学ぶ場合、学校の先生に教えてもらうタイプと、自らが経験することで学ぶタイプがある。数学の公式を教えてもらうことでそれを使えるようになるといった学習が教師あり型であるのに対し、犬や猫の特徴を学べるのは後者である。それを「猫」と呼ぶことは知らなくても、その動物を見分けることができるようになるのは、その動物の特徴を自らが抽出できるからである。そして、画像認識における従来手法のほとんどが教師ありタイプであるのに対し、ディープラーニングは教師なしで特徴を抽出できる能力を持っているのである。

教師ありタイプの手法では、あらかじめ人がヒントを教え込む必要がある。顔の認識であれば、目鼻口の位置関係をテンプレートとして用意したりといった具合である。これに対し、ディープラーニングでは人はいろいろヒントを用意する必要がなく、自らが勝手に特徴を抽出してしまう。例えば、よく引き合いに出される猫について、「猫の最大の特徴は？」と聞かれると、間違いなく「目」と答える人がほとんどかと思う。あの縦長の瞳孔である。しかし、ディープラーニングで抽出される猫の特徴では目は目立つ特徴とはなっておらず、鼻や耳の部分など、われわれが猫の特徴として重要視する部分が必ずしもディープラーニングでは重要視されてはいないのである。

つまり、ここでディープラーニングが高性能を発揮するもう1つの要因が推察される。人が何らかのヒントを与える従来型の画像認識手法は手法自体ではなく、人が与えるヒントが適切でないのではないか、という臆測である。そして、残念ながらこの臆測は正しいのかもしれない。われわれは自分の脳の働きを驚くほどに認識することができない。例えば、われわれは自転車に乗ることができるが、バランスをとるときの感覚をうまく言葉にはできない。モノを取るために腕を伸ばすことはできるが、複数の関節と筋肉を適切に制御することで、モノにまっすぐに手を持っていくことができるものの、どうやってまっすぐに手を伸ばすのか説明することはできない。つまり、われわれは猫や犬を見分けることができるが、猫や犬の顔のどこに着目して見分けているのか、もちろん、脳はそれができているわけだが、言葉で説明することができないのである。

これでは言語が性能の低い能力と思われてしまうかもしれないが、逆なのである。脳はおよそ２０００億個もの新駅細胞が、直線にすると１００万㎞にもなるネットワークで複雑にネットワーク化された超大規模複雑ネットト

ワーク構造を有し、しかも、各神経細胞が自律的に動作する超並列マシンであると述べてきた。これほどの大規模複雑なシステムをまだわれわれは工学的に構築できてもいないし、ましてや制御できる術など持っていない。つまり、そのような複雑システムの挙動を言語という極めて単純化された方法で、人間同士で伝え合う方法を生み出すことができたこと自体が驚きといえよう。脳の働きを言語化するためにはかなりのそぎ落としや簡略化が必要なはずであり、脳の働きを１００％言語化することは不可能である。つまり猫や犬を見分ける特徴においても、不完全な言い回しとならざるを得ないと考えられよう。

しかし、ディープラーニングは人からのヒントを必要とせず、手法自らが猫や犬の特徴を学習することができる。おそらく脳と同じような特徴が抽出されており、よって脳のような高い認識性能を発揮することができるのだ。

直近の課題は２０２５年

ディープラーニング応用が支える3度目の人工知能ブームや、ブームに火を付けることになった２０４５年のシンギュラリティ問題などについて述べてきたが、実は日本においては２０２５年問題が先に到来する。２０１５年と比べると、２０２５年には、日本の人口が７００万人も減る。問題は年齢構成であり、15歳から64歳の生産年齢人口が７０００万人まで減少してしまうものの、65歳以上の人口は３５００万人を超えるのだそうだ。さらに、ネガティブな予測であるが、２０２５年になると、いわゆる団塊の世代が75歳超えの後期高齢者となり、国民の１／３が65歳以上、そして１／５が75歳以上という、本当に少子高齢化社会を迎えることになるのである。

この問題に人工知能で何かできるのか？　というのが本書の目的である。労働力補填《ほてん》ということでの人工知能やロボットの社会導入というシナリオを想像しやすいが、確かに自動農作業ロボットを導入し、人に代わって農業を立て直すことは可能であろう。しかし、１００％ロボットしか稼働しないような現場であれば、淡々と農作業を行うだけの、自動車工場での組み立てロボット工場のようにさせてもよいのかもしれない。しかし、畑や農作業現場には高齢化した農家がまだ現役として頑張っているかもしれないし、そもそも、工場と違ってこれから人工知能が導入されるのは人が普通に生活する、いわゆる生活圏である。ロボットが導入されることで作業能率が劇的に向上したとしても、現場にいる人が萎縮したり、疎外感や、人同士の親近感のある日常生活が崩れてしまったりしては本末転倒である。社会に浸透する人工知能は、人と共生できなければならない。また、人工知能やロボットのみがその能力を進化させるだけでは２０２５年に対応することはできない。社会インフラとしてのＩｏＴの進展も必須であろう。

本書では、２０２５年を念頭に、人工知能が人と共生できるようになるための必要な能力について、４名の人工知能研究者に持論を展開していただいた。最後の章では筆者からも持論を展開させていただく。いわゆる解説書ではなく、各研究者の一人称としての考えが展開されている。それぞれの考え方や意見に異論を感じる読者もいるかもしれない。それも本書の狙いである。最近は「考える」ということが少なくなったように感じる。「考える葦《あし》」であったわれわれであるはずなのだが、何か疑問があるとすぐに検索して結果を知ろうとしてしまう。一方、最近のテレビ番組において、その場の面白さを追求するバラエティー番組と異なり、ただ受動的に見るのではなく、問題提起型の番組を録画やオンデマンドにて見るケースが増えているとも聞く。再び「考えること」に飢えを感じる人々が増えつつあるのかもしれない。

本書は、そのような考えることを強要する本である。何かじっくり考えたい人、２０２５年問題への取り組みに関わるマネジメント層の方々など、もちろん一般の広い読者に向けて書かれており、読破された後に各自の脳の何かしらの心地よい疲労感が残れば幸いである。

●参考文献

1 ［人工知能２０１７］『人工知能の見る夢はＡＩショートショート集』、文春文庫、２０１７．
2 ［沈黙２００６］山本弘『神は沈黙せず（上）』、角川文庫、２００６．
3 ［カーツワイル２０１６］レイ・カーツワイル『シンギュラリティは近い――人類が生命を超越するとき――』、ＮＨＫ出版、２０１６．
4 ［人工知能２０１６］『人工知能とは』、監修人工知能学会、近代科学社、２０１６．

第2章

ロボットと人工知能

長井隆行
電気通信大学大学院情報理工学研究科教授
人工知能先端研究センター教授

ロボットと人工知能

深そうで浅い2人の関係

ロボットと人工知能の関係は、深いようで浅い。直感的には、ロボットが体で人工知能が脳としての役割を果たす。つまり、骨組みに組み込まれた複数のモーターがコンピューターにつながっていて、そのコンピューターに搭載された人工知能プログラムがモーターの動きを制御する。それはまさに、人間の脳が筋肉を動かしているのと同じイメージである。そう考えると、今や大きく発展を遂げて世間の注目を集めている人工知能（深層学習）が最先端のロボットに搭載されれば、きっとものすごいことができるのではないかとワクワクするのである。近年の人工知能（深層学習）の発展が、ロボットの研究に大きな進展をもたらしていることは間違いのない事実である。しかし、世間の期待とは裏腹に、われわれの生活をサポートしてくれるような万能ロボットは実現されていないといってよい。そう、まさに「ドラえもん」のようなそんなロボットは、この世の中に存在しない。それはハードウエアとしてのロボットの技術が足りないせいなのか、それともまだ今の人工知能が十分ではないのか、それとも…？ドラえもんについてはまたあとで考えることにするが、まずここでは、人工知能が操るロボットという最も直感的な考え方を通して、ロボットと人工知能の関係を考えてみることにしよう。

この単純なモデルを図に描いてみると、**図1**のようになる。この考え方が、全面的に間違っているといいたいわけではない。実際に現在の多くのロボットシステムは、このような単純化した知能のモデルに基づいている。いわゆる人工無能や、チャットボットのロボット版と考えてもよい。しかし、これだけだと何かが足りない気がするのも事実である。足りないものは何か？　例えば、ビッグデータとのつながりはどうであろうか？　ビッグデータは、昨今の人工知能ブームを支えるもう1つの重要なパーツである。深層学習による非常に高い認識精度は、ビッグデータの存在に支えられているといっても過言ではない。たくさんのデータがあることで、ありとあらゆるバリエーションに対応した学習が可能となり、結果として人や物体認識の精度が向上する。これはある意味、一般的な常識を学んでいることに相当する。例えば、カメラからの映像でコップを認識するためには、コップというものがどんな形をしていてどんな見え方をする可能性があるかを、くまなく学習する必要がある。当然のことながら、コップは見る方向によって微妙に見え方、つまりは画像が異なるし、模様や形などコップ自体のバリエーションも多い。それにも関わらず「コップ」を「コップ」として画像認識するためには、大量のデータから「コップ」に共通する特徴を学ばなければならない。このように、細かい情報を捨てて大局的な情報を取り出すことで、学習していない初めて見たコップに対しても、これはコップであるという答えを出せるようになる。このことを専門的には、「汎化《はんか》」と呼ぶ。汎化の能力は、知能として非常に重要である。そしてこの汎化は、共通項を取り出すことがその基本原理であるということを覚えておいてほしい。画像認識の研究者は、長い間この汎化の問題に悩まされてきたといってもよい。もちろん汎化をやりすぎると、何でも「コップ」といってしまうことになり意味がない。重要なのは適切な汎化能力であり、さまざまな物体をうまく汎化するためにはどのような特徴を捉えるべきかをデザインしてきた。

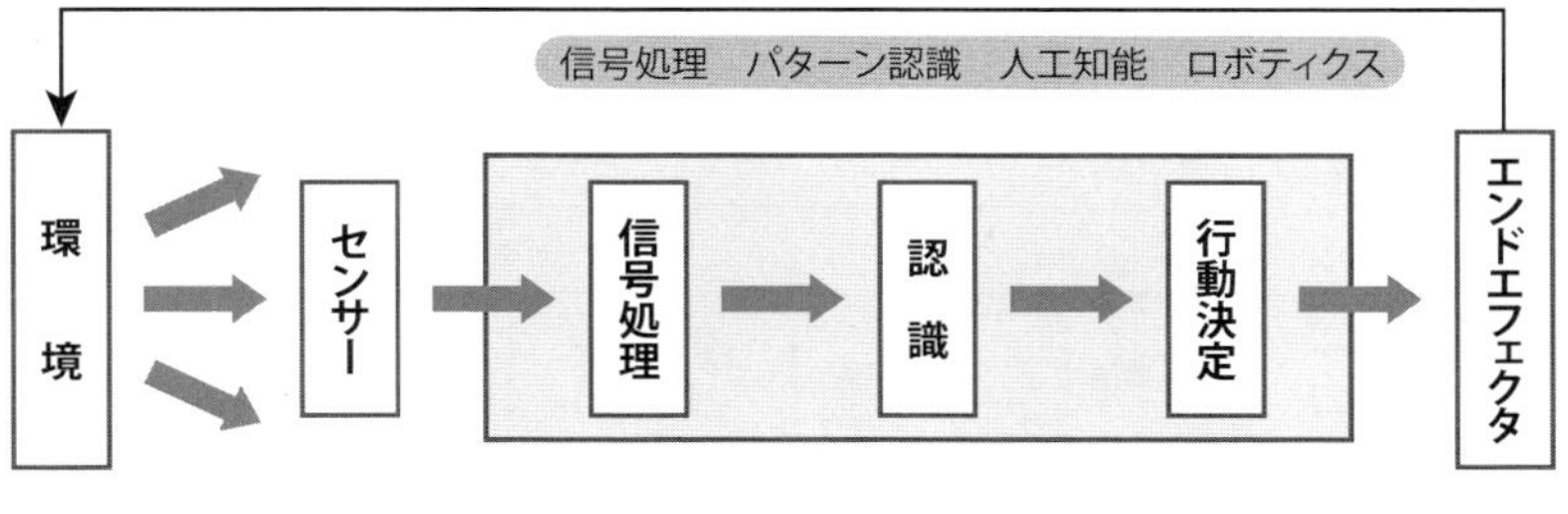

図１：単純化した知能ロボットのモデル

その流れを大きく変えて性能を飛躍的に高めたのが、深層学習という道具と、ビッグデータという材料である。

さて、話をもとに戻すと、実は**図１**ではすでにこの仕組みが使われていることが前提となっている。それをはっきりさせるために、**図２**のように描き替えてみると分かりやすい。つまり、すでにロボットと人工知能はつながっている。このように、人工知能がロボットの認識エンジンとして使われるというのは自然な流れであるが、冒頭で「浅い」といったのは、このような、ロボットが人工知能を利用しているだけの関係性ゆえである。これらから先の未来を見通す上で、ロボットと人工知能がもっと深いレベルで結びついた姿を想像する必要があるだろう。

アフォーダンスという考え方

ロボットはすでに、人工知能から多くの恩恵を受けていることになる。**図２**によれば、環境を認識する精度が向上すればするほど、その後の判断を正しく行うことができ、ロボットはより高い精度で決められた仕事をこなせるようになるからだ。逆に、ロボットが人工知能に寄与できることはないだろうか？　例えば、先ほどの「コップ」認識の問題である。

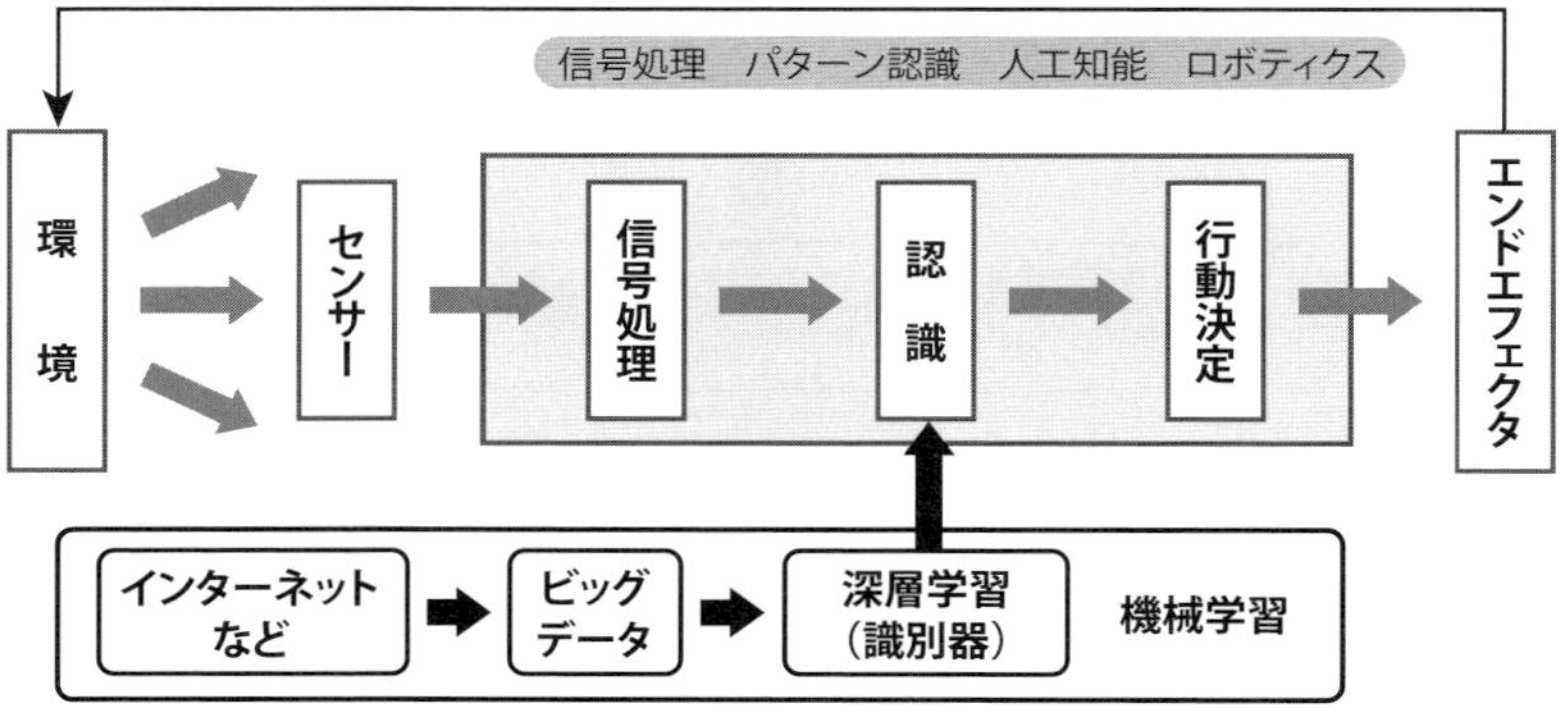

図２：図１にビッグデータで深層学習したモデルを導入

そもそも人間は、大量のデータを使ってコップを学習しているわけではない。それでも、目で見るだけで「コップ」を「コップ」として認識できるのはなぜであろうか？　ヒントは、「コップ」が飲み物を飲むために存在していて、「見た目は単にその機能に付随している」というところにある。もちろん見た目も重要であるが、本質ではない。本質は、その物体がコップとしての機能をわれわれに提供していることであり、それが「コップ」を「コップ」たらしめている。たとえ巨大なオブジェの見た目がコップらしくても、それを使って飲み物を飲めない限り、それは人間という身体的な存在にとって「コップ」であるとは言い難い。このような考え方は、人間にとってかなり自然なものであり、「アフォーダンス」と呼ばれる(注1)。アフォーダンスという考え方は、ロボットが人工知能に本質的な影響を与えるという方向性もあり得ることを示している。

少しずつ、知能と体の深いつながりが見え始めたかもしれない。この調子で、もう少し先に進もう。実はこれまでの話だけでは、ロボットの行動が適応的に変化しないという問題がある。そのために、もう1つ考慮すべき重要な点がある。

(注1) アフォーダンスは、アメリカの心理学者であるギブソンによって提案された概念であり、英語のafford（「～を与える」という動詞）から作られた造語である。環境（物体）の意味は、頭の中にあるのではなく、体に根差しているというのがその主張である。

歩み寄るロボットと人工知能

今のロボットは、常識を持っていないのが問題であるという議論がある。そしてビッグデータが、この問題を解決するのではないかという期待も高まっている。常識を持つということは、情報の凹凸を平らにしてしまい、細かい違いを捨て去ることでより広い範囲に対応することを意味している。一方、家庭での仕事を行うことを考えると、個別に「適応」することが大切であろう。これは、各家庭のローカルなルールに対応するようなイメージである。その適用範囲は狭いが、逆の言い方をすれば、実際に働く家庭でうまく仕事さえできれば、地球の裏側の家庭事情など実際には関係ないのである。ビッグデータによる学習は、必要のない知識もいや応なしに考慮しなければならないという側面もある。

この一見矛盾する「汎化」と「適応」を、どう考えればよいであろうか？　この問いに決まった答えがあるわけではないが、筆者が考える1つの方向性は、「一般常識を使って活動しながら、ロボットの置かれた環境に自身で適応していく」という、ある意味ありきたりなものである。ロボットは、少なくとも何かを持っていなければ行動することができない。動かないロボットほど無意味なものはないことは、多くのロボット研究者がいやというほど経験する悲劇であるが、それはともかく、例えば反射で動いたり、模倣で動いたり、作り込みで動いたり、何かしら情報を集めるための行動の種が必要である。物体認識に関しては、インターネット上のビッグデータで学習し、人間にも匹敵するような認識能力を実現することが可能となりつつある。残念ながらロボットの行動に関しては、今のところビッグデータが存在しない。そのため、何かしら一般的な状況を想定して、そのときの平均的な行動を常識として学習しておくことは困難であり、ロボットには汎用的な行動を期待することができない。このことは、現状のサービスロボットがなかなか普及する糸口を見いだせない原因にもなっている。逆にいえば、サービスロボットの普及には、この鶏と卵の問題の解決が必要なのかもしれない。この見方は、「ロボットはサービスをするためのものであるから、導入当初から便利な存在でなければならない」という立場に立った場合の話である。そうでない立場に立てる可能性はあるだろうか？　例えば赤ん坊は、そういった意味での役には立たない存在である。赤ん坊とロボットを一緒にするなというお叱りが聞こえそうではあるが、われわれ人間は誰しもがそうした時代を経て仕事ができる存在になっていることを考えると、赤ん坊の成長（発達）にヒントがある。赤ん坊は、生まれながらにして備わっている反射行動や試行錯誤、模倣をベースに行動し、そうして得た情報に基づいて学習を深めていく。筆者らの研究しているロボットも、限定的ではあるが、赤ん坊のやり方をまねることで、概念や言葉、行動を学習できるように

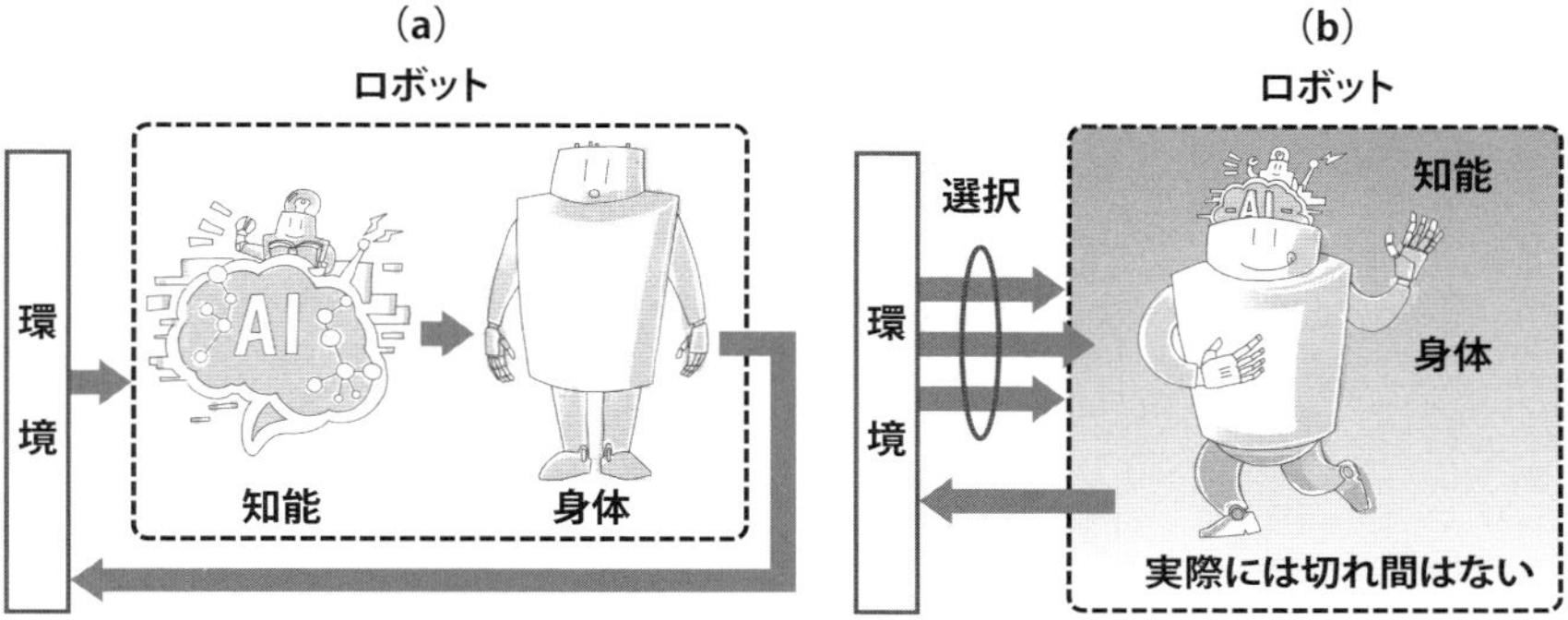

図3：ロボット（体）と人工知能（知能）の関係…(a) 図1の考え方、(b) 本来の知能と体の関係

なり始めている。やがてはロボットのビッグデータが蓄積され、それはある種、進化的に獲得した一般常識となって、ロボットの初期動作に利用されるかもしれない。もちろん、赤ん坊は多大な労力と時間をかけることで成長していくため、これと同じことをロボットに望むのは現実的ではない。実用性を考えると、ロボット導入時の利便性と学習スピードが重要である。

いずれにせよ、ロボットは行動することで環境の情報を集め、環境に適応していく。このとき、汎化方向に引っ張るのが人工知能の役割であり、個別の物理世界に適応していくのがロボット（体）の役割である。人工知能はあまりにも一般的すぎるし、ロボットは具体的すぎるのである。お互いに歩み寄る必要がある。これを分かりやすく図に描けば、**図3**(b)のようになるであろう。ちなみに**図3**(a)は、**図1**の考え方を描き直したものである。

体はフィルターであり、なるべく活動に際して重要かつ具体的なデータを集める。一方、知能はその情報をなるべく汎化して、広範に使えるようにする。そしてその情報を使って行動することでさらにデータを集め、そのデータを使って学習する。この切れ目のないループが、人工知能とロボットが歩み寄って深く関係を結んだ姿である。

体と知能の境界線

さて、ここであらためて体（ロボット）と知能（人工知能）の境界がどこにあるのかを考えてみたい。知能が体をコントロールするという見方は直感的で、実際に作るときにも切り分けることができて便利である。つまり、現状のロボットにビッグデータで学習した人工知能を搭載するだけでよい。しかし、先ほどのアフォーダンスの考え方はそうではない。情報はむしろ、環境とその環境に対峙《たいじ》した体にある。体と知能の境目は曖昧で、きっちりと線を引くことは難しいのである。

この体と知能の不可分性の話で、筆者がいつも思い出すことがある。ふとしたきっかけで2人の体が入れ替わる、という空想劇である。おそらくこれは、魂が体に宿るという誰しもが持つ漠然としたイメージから来ているのであろう。魂が体に宿っているのであれば、体を離れて別の体に宿ることは容易に想像できる。そしてそれが、同時に2人に起こるのである。「そんなことは起こり得ない！」と、大人げなく否定したいわけではない。そうではなく、体と知能の不可分性を考えると、もし入れ替わったとしても、体が変わることで概念が変化してしまい、そもそも自分として見えていた世界そのものが変わってしまうのではないか？　そうなると、たとえ男性の体が女性になったとしても、何の感動もない。それどころか、世界や自分すらもまったく認識できないかもしれない、と思うのである。そう考えると夢も希望もないが、一方でこれは、ロボットには可能な状況である。残念ながらそうした実験を行ったわけではないので、体が入れ替わったらどうなる？という問いにきちんと答えることはできない。ならばせめて、今後きっちりと実験を行い、このロマンチックな夢物語の検証をするためにも、これからその準備をしておこうではないか。そしてそれが、未来を占うための材料になり得るかもしれない……。

体としてのロボット

最近のロボットハードウエア事情

ロボットを語る上で、メカの話は避けて通れない。最先端のロボットハードウエアは、いったいどこまでできるのであろうか？　これまで、数えきれないほど多くのロボットが作られてきたが、人工知能というイメージに最もマッチするのは、やはりヒューマノイドロボットである。有名なところでは、ホンダのアシモや産総研のHRP-4C（女性型ヒューマノイドロボット）が挙げられる。最近注目されているのは、より身体能力の高いロボットである。例えば、ボストン・ダイナミクス社が開発したアトラス（**図４**）は、その風貌からターミネーターを想像させるが、非常に高い身体能力を持っており、被災した原発施設にがれきを乗り越えて入っていき、バルブを閉めたりパイプを接続したりと、人間の代わりに活動することが可能である。また、２０１７年に発表されたハンドル（**図５**）というロボットは、足が2本あるにも関わらず、足先にはタイヤがついており、非常に速く滑らかに移動することができる。こうしたロボットの身体能力には目をみはるものがあるので、ぜひ一度ホームページの動画をご覧いただきたい。

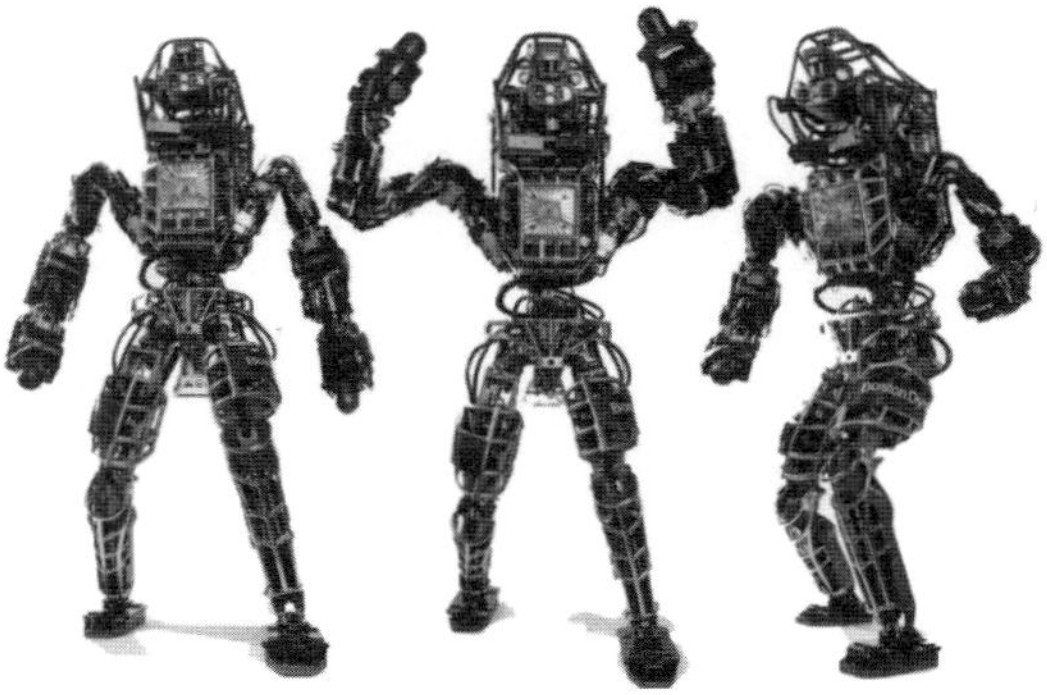

図４：アトラス
出典　https://www.bostondynamics.com/atlas

これらのロボットが、すぐにでも家庭に入ってわれわれのパートナーとなれるかというといろいろな問題がある。そもそもこれらのロボットは、大きく重い。アトラスは身長１９０㎝、体重１５６㎏であった。最新のモデルでは、身長１７５㎝で体重が85㎏まで小型化されているが、それでも大人１人が家に増えるイメージである。しかも実際には、人間に比べるとかなり威圧感がある。仮に大きさに問題がないとしても、安全性や価格、衛生面、電源、メンテナンスなど、実際に家庭に入れるとなると難しい問題がたくさんある。

他の選択肢はないであろうか？　家庭で家事をするには、高い身体能力、特に物体の操作能力が必要である。そういった意味ではヒューマノイドはよいが、もう少しできる仕事の幅を狭める代わりに、より小型で軽量かつコストも抑えられるロボットは実現できないだろうか？　筆者が現在研究に携わっているトヨタのＨＳＲ(Human Support Robot)は、その点非常に優れている（**図６**）。重さは37㎏で、身長は１００㎝程度だが、上に伸びるので、床だけでなくある程度の高さにまで手が届く。足ではなく車輪型の台車で移動するため、階段を上ることはできない。しかし、全方位機構といって、車のように転回しなくても任意の方向に移動することができるので、多少狭いところにも入っていくことができる。手は１つしかないが、それでもかなりの仕事ができる。金額の問題を除けば、家庭用サービスロボットとしてだいぶ実用に近い。ＨＳＲはもともと、体の不自由な人がタブレットで操作して、例えば何かを棚からとってきたり、落としてしまったものを拾ったりすることを目的として作られ

図５：ハンドル
出典　https://www.bostondynamics.com/handle

図６：トヨタ HSR
一番左の写真の出典　http://newsroom.toyota.co.jp/en/detail/8709536

たロボットである。筆者らのグループでは、人工知能を導入することで、自律的に家事ができるようにすることを目指している。ＨＳＲがハードウエアとして優れていることは、筆者らが行った実験でも明らかである。それは、実際に散らかった部屋の片付けを、人がゲームコントローラでＨＳＲを動かすことで行うというものである。ダイニングテーブルには食事後の食器が置かれており、床には子どものおもちゃなどが散乱している環境であっても、ＨＳＲは器用に皿を食洗機にしまい、ごみを捨て、おもちゃを箱の中に片付けることができた。これを完全に自動で行うことが研究としての目的ではあるが、少なくとも体としてのロボットの機能は十分であることを示している。

　こうしてみると、家庭用ロボットが普及しない原因は、単にハードウエアの性能の問題ではない。普及ということを考えると価格が重要なファクタになるので、そこが大きな障壁となっていることは否めない。しかし、ハードウエアの機能を純粋に評価してみると、家庭用ロボットとして実用的なものがすでに開発されているといってよい。

ロボティクスという学問

　もう少しソフトの側に目を向けてみる。そもそもロボティクスという学問は、ハードウエア以外にどのような問題を扱うものであろうか？　一般的に「ロボットを作る」という意味は、あのメカメカしいモーターの塊を設計して、物理的に作り上げることを指していると思われがちである。もちろんそれも重要であるし、そもそも作らなければロボットはこの世に物理的に存在しない。しかしロボティクスとして教科書でまず勉強するのは、「運動学（キネマティクス）」と「動力学（ダイナミクス）」、そして「制御」である。運動学や動力学という言葉はあまり耳慣れないかもしれないが、われわれ人間が体を動かすときにも重要な概念である。例えば、**図7**のようなロボットの腕を動かすことを考える。

　あまり複雑な腕を考えると難しいので、関節は付け根と肘の２つで（２リンク）、それぞれが紙面に垂直な方向の回転軸を持っているとする。これを2自由度と呼ぶが、要するにこのロボットアームは、２つのモーターの回転によって、手先を平面上のいろいろな位置に持ってくることができる。いろいろな位置とは曖昧な言い方だが、それは平面上のすべての位置に手先を持ってくることはできないということを意味している。腕を完全に伸ばし切った状態で付け根のモーターを1周させると、円になることは想像できるであろう。このロボットは、その円の外側に手先を持っていくことはできない。さらに円の内側であればどこにでも手が届くかといえば、そうではない。実は、付け根から肘までの長さと肘から手先までの長さが同じでない場合は、付け根まで手が届かない。このように、各リンクの長さが決まっているときに、各関節の角度から手先の位置・姿勢がどのようになるか計算することを、順運動学と呼ぶ。これとは逆に、手先の位置・姿勢を与えて、そのようになる各関節の角度を計算することを逆運動学と呼ぶ。運動学はこのように、物の位置や姿勢を考えるための計算方法である。ちなみに**図7**のような２自由度のアームで

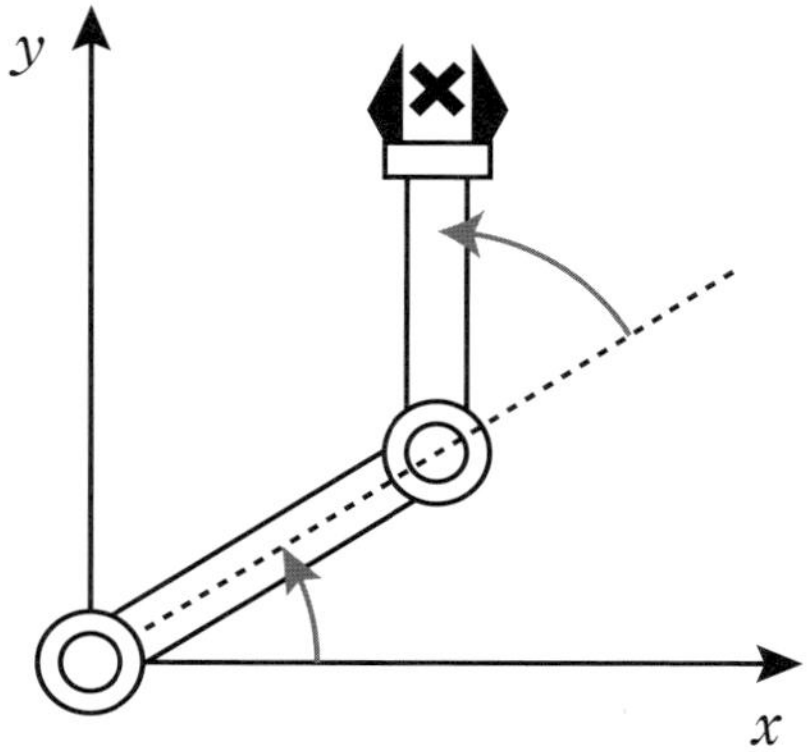

図7：２自由度のロボットアーム

あれば、簡単な三角関数（余弦定理）を使って逆運動学を解くことができる。しかし、自由度（関節数）が増えると式として答えを出すことはできなくなり、例えば7自由度相当といわれる人間の腕では、答えが唯一に決まらなくなる。こう考えてみると、われわれ人間が何かをつかむために手を伸ばす際、どうやってその位置に手が届くように各関節の角度を決めるかということが問題であることが分かる。われわれは普段何気なく手を動かしていて、それが問題であること自体に気が付かない。

動力学はさらにこうした問題を、「力」で考える。順動力学は、各関節にどれくらいの力が働くと、手先の動きがどうなるかを考える。逆に達成したい手先の動きを与えたときに、どれくらい関節に力を入れればよいかを計算するのが、逆動力学である。実世界で働くためには、この「力」が非常に重要な要素になる。例えば手を振りたい場合、その手先の軌道さえ与えられれば、逆運動学を使うことで、手の各関節をどのように変化させればよいかは計算できる。しかし、実際にこれを物理世界で実行するためには、各モーターがどれくらいの力を発揮すればよいかを計算しなくてはならない（モーターの場合は、電流の量によってこの力が決まる）。また単に手を振るのか、窓を雑巾で拭くのかによっても、どれくらい力を入れるべきかが異なる。

「制御」は、運動学や動力学といった理論的な枠組みをベースに、実際にロボットを目標に沿って動かすための工学的な道具である。先ほど、手先の動きを考えてモーターにどれくらいの力を発揮させればよいか（電流量）を計算するという話をしたが、これは、単に計算しっぱなしでは問題がある。常に状況を監視しながら、うまく目標に沿うように調整しなければ、物理世界で目標通りに動くことは難しい。これが「制御」の役割である。

このように、ロボットを作ってから、人間が普段何も考えずに行っているちょっとした動きをさせるだけでも、いろいろと解くべき問題がある。

人工知能の登場

ここでふとした疑問が湧く。人間の脳は、果たしてそんな計算をしているのだろうか？　例えば、手を振ろうと思った瞬間に、手先の軌道を考えてそのような軌道になるための各腕の関節の角度や力の入れ具合を計算する……。もちろん、これに相当するような何かしらの情報処理をしなければ、原理的に手を思った通りに動かすことはできないが、ここでいいたいのは、ロボティクスの教科書に出てくる方程式を解くような形で計算しているとは思えないということである。そもそもわれわれは、時間と共に変化し得る自分の体の各パーツの寸法を、「正確に」知っているわけではないであろう。もしこの直感に従うのであれば、ロボットにおいては、ここで人工知能に登場してもらうという方向性は考えられないだろうか？　具体的には、深層学習で、力の入れ方とそのときの手の動きの対応を学習してしまうのである。実は人間の赤ん坊も、最初は力の入れ具合と手の動きの関係がよく分からない。そこで赤ん坊は、手を適当に動かして、その対応関係を学習するのである。赤ん坊の無意味に思える手足のバタバタも、実は学習の一環である。これを、モーターバブリングと呼ぶ。まさに、声のバブバブの身体版である。ロボットも方程式を立てて逆動力学を解こうとするよりも、バタバタと適当に手を動かしながら手の位置と力の入れ加減を学習するというアプローチをとることで、徐々に思った通りに手を動かせるようになるのである。

少しは、ロボットと人工知能の距離が近づいた気がするのではないだろうか？　もちろん、まだこんなところで話は終わらない……。

体に宿る知能

知能とは何か？

先ほどの学習は、手の動きと力の入れ具合の関係性を学ぶというものであった。まだまだ知的さのイメージからはほど遠い。これだけでは、言葉を操ってコミュニケーションをとったり、行動を計画したりできないどころか、そもそも意味のある動作すらできない。ここから先へ進むためには、「知能とは何か？」、「学習するとはどういうことなのか？」といった基本的な問いに答えておく必要がある。その上で、先に進むための道筋を定めたい。

そもそも知能とは何であろうか？　これに対する正しい答えがあるわけではないが、筆者は、「個体がよりよく生きるための仕組みである」と考えている。よりよく生きるとはどういうことか？　単純に考えれば、他の個体より早く食べ物にありつくことに他ならない。そのために重要なことは、より正確に「予測する」ことである。食べ物のある場所がより正しくより早く予測できれば、生存に有利である。もちろん、食べ物というのは安易な例えであり、実際にはもっと複雑である。そして人間は、社会性を有しているため、他者のことを考えて行動することができる。言語を駆使した協調も人間の知能の特筆すべき特徴であるが、これらについても「予測」というキーワードで語ることができる。言語やコミュニケーション、協調についてはあとで考えることにして、ここでは、よりよく予測を行うための学習について考える。

予測を可能にする学習とは、どのようなものか？　何かを学習するというと、勉強したことをしっかり記憶することだと思うかもしれない。単純な例でいえば、食べ物を隠した場所をちゃんと覚えておけば、空腹のときに簡単に食べ物にありつける。こうした「記憶」も重要であるが、これだけでは、そもそも食べ物がないときにどうするかという問題を解決できない。食べ物がないときに、どこに行けば食べ物を見つけられそうかを高い精度で予測したい。もちろん、何の経験もない状態ではなすすべがないため、適当に探してみるしか手はないであろう。もしくは、生まれながらにして備わっている直感に従って行動するのかもしれない。いずれにしても、そうして偶然にも食べ物にありつくことができた場合に、何を学習すべきであろうか？　食べ物があったという事実を単に記憶して、次回またそこを訪れるというのは、事例を記憶することで予測するというアプローチである。再びそこを訪れることで、また食べ物にありつけるかもしれない。しかしありつけない場合には、再び食べ物を求めてさまようことになる。そうして再び食べ物を見つける。こうしているうちに、どのような場所に食べ物があり、どのような場所には食べ物がないのかを判断できるようになる。これは、食べ物の見つかった場所の共通項を見いだすことで可能となる。つまり、同じものと違うものを区別して情報を整理しておくことで、今の状況と照らし合わせてよりよい予測を実現するのである。今いる場所が実際に食べ物を見つけた場所との共通性が高ければ、この先食べ物を見つけることのできる可能性が高いことになる。逆に共通性が低ければ、他の場所に移動したほうが賢明であろう。このように、学習の重要なアプローチは、経験によって得た情報を、類似性に基づいて整理しておくことである。このように情報を整理することを、「自己組織化」と呼ぶ。先に、「汎化」が重要であるという話をしたことを思い出してほしい。実はこの情報の整理は、汎化をしていることに相当する。食べ物を見つけた場所そのものを記憶するのではなく、その場所の細かい個別の情報を捨て去り、その場所にどのような特徴があったかという、大局的な情報の類似性を取り出すのである。

教師あり学習と教師なし学習

ここで、学習の形態を少し整理しておく。一般に学習には大きく分けて、「教師あり学習」と「教師なし学習」の2つがある。教師あり学習はその名の通り、学習時に教師となる正解のラベルが与えられる。昨今話題となっている深層学習は、こうした学習を行っているものが多い。例えば、画像中の物体を認識することを学習させる場合、画像データに対して対象となる物体の画像中の位置を座標で指定した正解ラベルを付与する。そのような画像データと正解ラベルの対を大量に与えることで、ニューラルネットワークは画像に写っているものが学習したどの物体なのかを判断できるようになる（**図8**）。

一方、教師なし学習は、こうした教師ラベルを使わずに学習する方法である。教師がなくて学習ができるのかと疑問に思われるかもしれないが、人間が行っている学習の多くは教師なし学習であると考えられる。先ほど述べた情報の整理は、まさにこの教師なし学習である。正しい答えを使うわけではなく、取得した情報が似ているかどうかを判断することで整理していく。その際に使われるのが自己組織化のアルゴリズムであり、これは「クラスタリング」とも呼ばれる（**図9**）。

似ているかどうかを判断するだけなので簡単そうに思えるが、実はそれほど簡単ではない。例えば、2枚の絵（もしくは楽曲でもよい）があったときに、それらが似ているかどうかは明らかな場合もあれば、判断に困る場合もある。また、どこに注目するかによって答えが大きく変わってくるという問題もある。筆者は、被験者に1

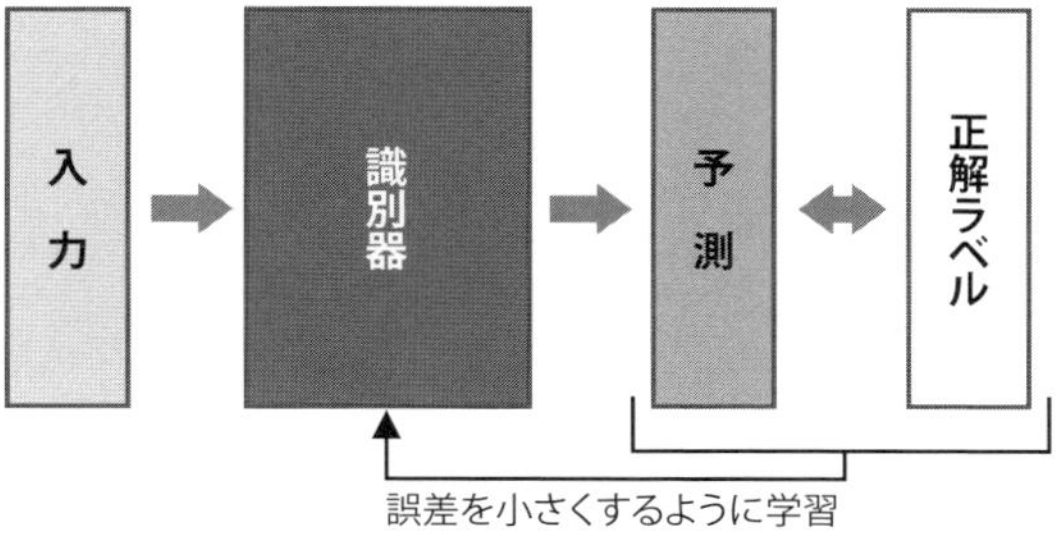

図8：教師あり学習
学習用の入力データにはすべて正解ラベルが付与されている。識別器は、入力に対する予測結果と正解ラベルの誤差が最小となるように学習する。

00個の物体を自由に分類してもらうという実験を行ったことがあるが、被験者からは非常に不評であった。それは単に面倒ということではなく、どのように分類するかはいろいろな指標があり得るため、それを考えだすととても難しい問題になってしまい、ストレスの多いタスクだったのである。

この分類において重要なことは、正しく分類できるかということではなく、その分類によって予測がうまくいくかどうかという点である。もちろん、知覚情報の類似性が予測の手がかりであるため、知覚の類似性に基づいて分類されることになるが、その分類によってなされる予測がその個体に有利に働かないのであれば、その分類にはあまり意味がない。人間と他の動物にとって重要なことは異なるので、情報の整理の仕方が違うのは当然である。その判断は、体と深く関わっている。

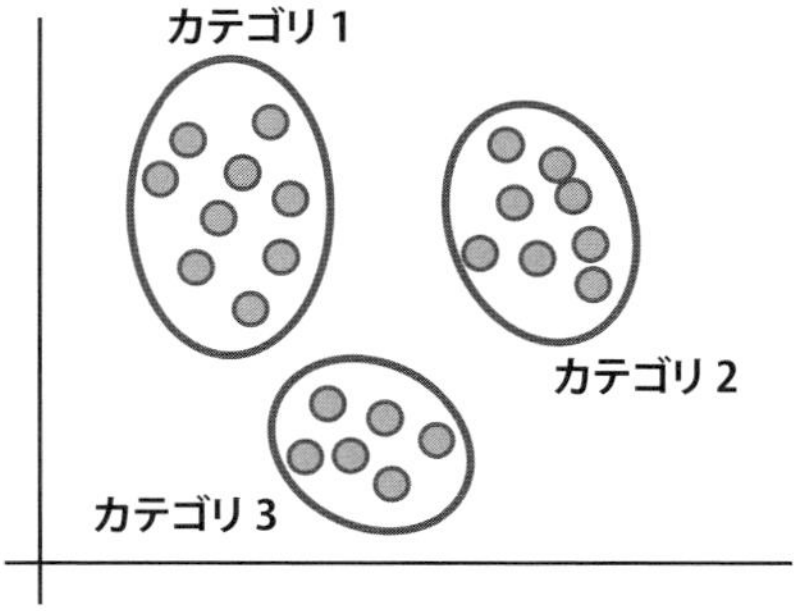

図９：教師なし学習（自己組織化、クラスタリング）

強化学習

教師なし学習のもう１つ重要な枠組みが、強化学習である。強化学習では教師ラベルはないが、学習の手がかりとなる「報酬」に基づいて学習を行う。ある行動をして褒められた場合に、同じ状況のときにその行動をとりやすくする仕組みをイメージすれば分かりやすい。この学習の仕方で問題になるのは、報酬は必ずしも良い行動をした直後に得られるわけではないということである。良い行動をしても、褒められるのはずっとあとになってからかもしれない。もう少し具体的な例でいえば、食べ物にありついたという報酬は、食べ物を食べたときに得られるが、そもそもその報酬を得るために良かった行動とは、食べ物を探す場所の選択であったかもしれない。だとすれば、ある場所で食べ物を探すという行動を強化すべきであるが、探す時点では報酬が与えられないので、食べ物を食べたときの報酬を過去の行動に結びつける必要がある。この問題を解決するのが、強化学習という手法である。強化学習ではこの問題を解くために、「状態 s」、「行動 a」、「報酬 r」を定義する（**図10**）。学習者は最初何も知識がなく、ランダムに行動を選択する。このとき、たまたま報酬を得れば、その状態でその行動を選択する確率を高める。さらに、過去に経験した各状態での各行動の確率も、現在からの時間に応じて高くしておく。これは、今得られた報酬が、今の行動だけでなく、過去の行動にも依存しているかもしれないからである。

少し前に話題になった、人工知能によるビデオゲームの学習には、実はこの強化学習と深層学習の組み合わせが用いられている。深層学習部分は畳み込みニューラルネットワーク（CNN）であり、ゲームの画面を学習して状態という形に整理する。行動は、その瞬間（状態）でジョイスティックをどの方向に倒すかという選択になる。例えばブロック崩しであれば、右か左のどちらかである。報酬は、ゲームの点数をそのまま用いることができる。ここで少し注目してほしいのは、状態や行動といったまとまりを学習するのは自己組織化の仕事であり、その状態においてどの行動をとれば未来にわたってより多くの報酬がもらえるかを計算する、つまり、状態と報酬の期待値が高い行動の組み合わせを見つけるのが強化学習の仕事である、ということである。

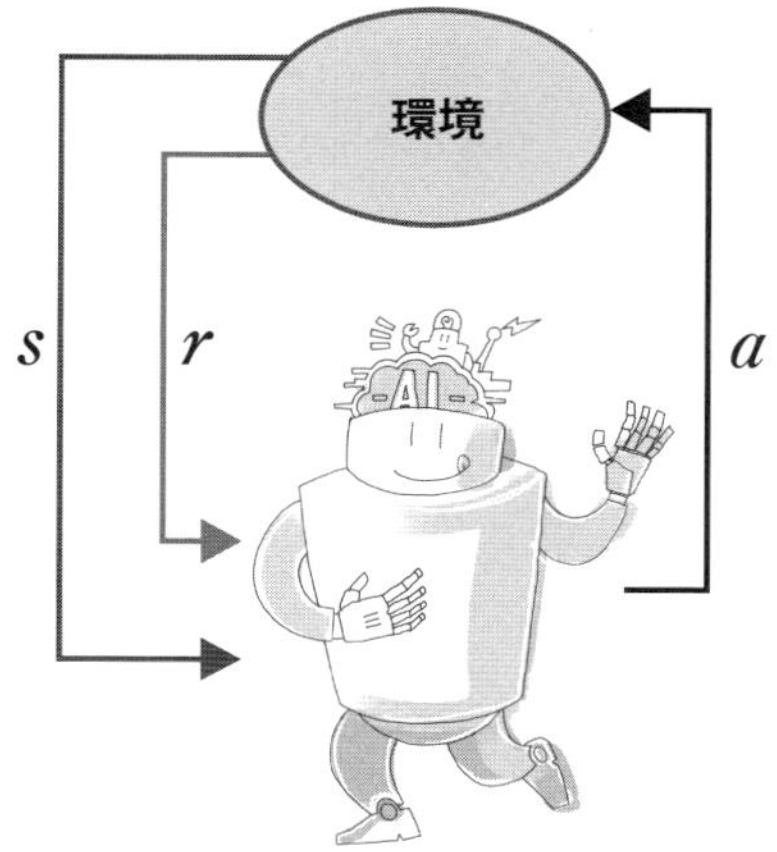

図 10：強化学習

概念を学ぶロボット

ロボットの学習に話を戻そう。ロボットは自分の体をどのように動かせばよいか知らない状態からスタートして、モーターバブリングによって体の動かし方を学ぶのであった。これまでの話を総合すると、ここからのストーリーはこうである。ロボットは、強化学習によって今の状態を判断して、適切な行動を選択できるようにするために、まず環境や自身の状態に関する情報を自己組織化により整理する必要がある。この際ロボットは、試行錯誤的に、もしくは、見まねや人による補助（手を直接つかんで動かす教示など）によって行動し、その際に得る情報を自己組織化する。同時に、強化学習により、どの状態でどの行動をとれば報酬が最大化されるかを学習する。ただし、これらが同時に起こる様子は複雑で分かりにくいため、ここではまず、自己組織化によって情報が整理されることで状態や行動のまとまりができ、それらに基づいて強化学習するという順番を想定する（**図11**）。

自己組織化から具体的に見ていくことにしよう。

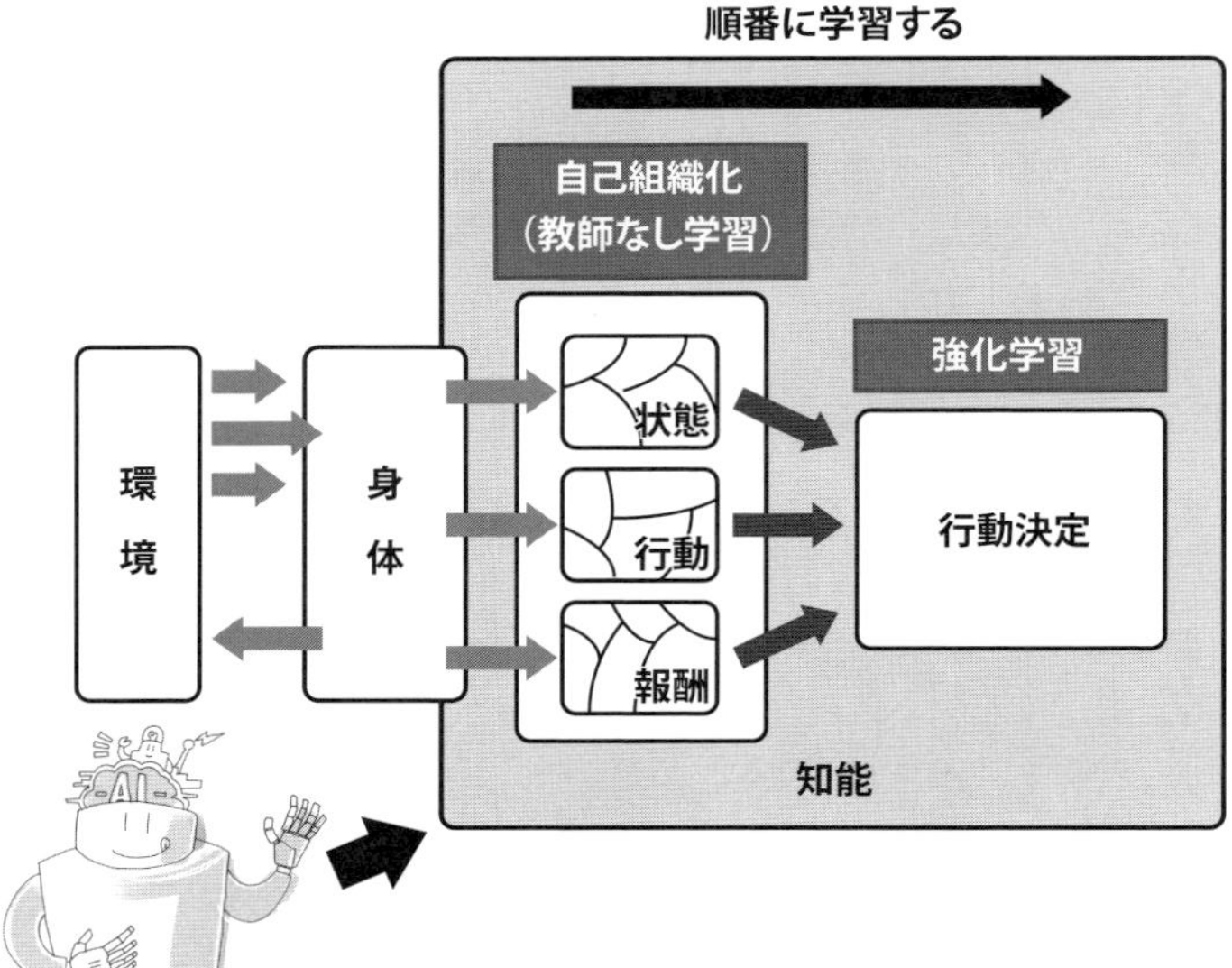

図 11：状態・行動の学習と強化学習
本文では説明のため、自己組織化が最初に起き、その結果を基に強化学習によって行動が学習されると考える

ここで実現したいのは、ロボットが得る情報の分類である。まず動作を、次のように分類（学習）する。ロボットは反射として作り込まれた動作以外は、そもそも意味のある動作ができないため、まずは見まねや人の補助によって体を動かしてみる。そうすることでロボットは、自身の体の動きに関するデータ（具体的には、関節角度の時系列や関節トルクの時系列）を得る。この時系列データを似たパターンで切り出し、同じパターンのものをまとめて1つの基本動作とする。ロボットの動作は、この基本動作の組み合わせで表現される。似たパターンで切り出すのは、意味のあるパターンは一度だけでなく、何度も現れるためである。このように、時間的なパターンを切り出すことを分節化と呼ぶ。分節化されたパターンを分類することで、ロボットは動作を学習する。分類の考え方は、以前に述べた通りである。こうして基本動作を学習し始めると、ロボットは、例えば物体をつかむことができるようになる。振るような基本動作を学習していれば、つかんだ物体を振ってみるかもしれない。そうすることで、物体に関する視覚、聴覚、触覚の情報が得られる。嗅覚や味覚のセンサーを搭載していれば、匂いをかいだり、口に入れて味を確かめたりすることもできる。このように、ロボットは常に複数のセンサーから情報を得ているということも非常に重要である。こういった複数の情報を、「マルチモーダル情報」と呼ぶ。このマルチモーダル情報を分類することで、物体に関する情報の自己組織化を並行して行う。筆者は、このようにして自己組織化によって得られるカテゴリのことを、「概念」と呼んでいる。人間が持つであろう「概念」の定義は、認知科学で詳細に検討されている。筆者の主張は、ロボットであっても、これまで話してきたやり方で人間のような概念を持ち得るというものである。ただし、形成される概念が人間とまったく同じというわけではない。概念はあくまでも、その個体が経験したことと、それを将来の行動選択に生かすための情報整理の結果に他ならない。したがって、体によって異なる。このことは、人間同士ですら概念が大なり小なり異なることを意味している。取り巻く環境や、細かな身体的差異に影響を受ける。われわれが概念を通して世界を認知する以上、この差異は個体間のコミュニケーションにおいて大きな障害になり得る。幸いにも、人間同士は身体的な構造がかなり共通しているため、おそらくは概念構造にそう大きな違いはない（これを客観的に確認するすべはないが）。もう1つは社会的な制約である。概念の形成は、社会的な制約や言語にも大きな影響を受ける。いずれにせよ、この問題は重要なのであとで考えることにする。

マルチモーダル情報という点に目を向けてみると、概念がマルチモーダルな情報の分類によって実現されていることは重要である。これによってロボットは、感覚（モダリティ）を超えた予測が可能となり、一部の情報から概念を駆動させることができる。例えば、ぬいぐるみを見るだけで、やわらかいという触覚の情報や、振っても音がしないという聴覚の情報を予測することができる。このように、見るだけで他の感覚情報を予測できると、どのようにその物体を扱えばよいかを考える際に有利になる。

さらに、概念にはさまざまな種類がある。今述べたのは物体に関する概念であり、最初にロボットが学習した基本動作は動作に関する概念である。他にも人や場所、時間などの概念もある。ロボットは経験を積むことで、こうした基本的な概念を形成すると同時に、それらの関係性を学習する。その手がかりとなるのは、共起性である。つまり、ある概念とある概念が頻繁に同時に起きる場合には、それらに関係があると考えるのが自然である。例えば、人の概念として「お母さん」、場所の概念として「キッチン」、物体の概念として「包丁」、動作の概念として「切る」という概念が同時に起こることが多ければ、それらを結びつける学習が行われる。これによって、「お母さんがキッチンで包丁を使って切る」という統合された概念が形成される。さらには、こうした統合的な概念をさらに統合させて、「お母さんがキッチンで料理をする」という統合概念が形成されるかもしれない。このように、概念は階層的なものである。そして、お母さんがキッチンにいれば料理をしている、という予測をしやすくなるのである。

この段階ですでに、前に述べたアフォーダンスが実現されていることも付け加えておこう。ロボットは、コップを見たときにそれを口に運ぶ動作を、椅子を見たときにそこに座る動作を予測することができる。逆に、口にコップらしきものを運んでいれば、よく見えないときであっても、その動作からそれがコップであるという予測を行い、物体の認識精度を向上させることが可能である。

このような概念学習のための具体的なアルゴリズムとしてはさまざまなものが考えられる。ここでは詳細には立ち入らないが、筆者らのグループでは、確率モデル（階層ベイズモデル）や深層学習でこれを実現する手法を提案している。実際にロボット上にアルゴリズムを実装し、1カ月間学習させることで、500個のさまざまな物体に対する概念を形成するなど、その可能性を示した。

ロボットの強化学習

さて、ここでようやく強化学習の出番である。ここまでの話は少し込み入っていたが、ここまでくればさほど難しい話ではない。マルチモーダルな情報を自己組織化によって整理したロボットは、整理した情報である状態や行動を使って、未来にわたってより多くの報酬を得られる行動決定の仕方を学ぶことになる。強化学習では状態や行動という言い方をするが、先ほどの自己組織化ではこれらを概念と呼んだ。行動は動作概念の組み合わせであり、状態はその他の概念の組み合わせで表現される。概念は、視覚や聴覚、触覚などの感覚情報により予測を伴って駆動される。その駆動されたさまざまな概念を状態として、その状態のときにどの行動をすべきかを選択するのである。これは必ずしも、概念の関係性によって行動が選ばれるということではない。コップを見ることで飲むという動作が予測されるが、それが他人のコップであれば、その予測行動を自分が実行してしまっては問題である。行動選択はあくまで、その状況でどのような行動をとれば将来的な報酬が多くなるかを基準になされる。報酬が具体的に何かという問題は、実はロボットでは難しい問題である。そもそもロボットには、食欲や睡眠欲のようなものはない。褒められてうれしいのは、社会的な報酬と呼ばれるが、こうした報酬系を上手に設計する必要がある。筆者らのグループでは現在、人手で報酬を与えているが、ロボットの恒常性やモデルの学習度合いなどを基準に報酬を設計することもできる。また、情動や感情との関わりも考慮した報酬系の設計も検討している。

一般に強化学習では、探索と利用のトレードオフの問題も重要である。ある状態における良い行動を学習したとして、その行動をとり続けるのか、より良い行動を求めて探索するのか、という選択の問題である。子どもが物事に対してよく飽きるのは悪いことではなく、新しいことを探索するという非常に重要な機能である。ロボットにも、そうした要素は必要であろう。強化学習のアルゴリズムでは、ある一定の確率でランダムな行動をとることで、探索行動を実現するのが一般的なやり方である。

このように、自己組織化は汎化のための情報の整理であり、強化学習はそれを利用した行動決定の仕組みである。だいぶロボットは知的に振る舞えるようになってきた気がするが、まだまだ話は続く……。

コミュニケーションするロボット

個体の知能からコミュニケーションへ

ここまでずっと、個体の知能の話をしてきた。その中で重要なことは、自身が物理的な経験をすることによって得たマルチモーダルな情報を整理して、予測の精度を向上させることであった。そして、その整理した状態に基づいて適切な行動を選択することで、未来にわたって得る報酬を高める。この枠組みの中で、他者との関わり、つまりコミュニケーションは、どのように扱い得るだろうか？　この問いに対して、筆者は2つのポイントがあると考えている。1つ目は、概念と記号の関係性である。連続的な情報を概念化によって離散的に扱うことで、言葉による情報のやり取りが可能になったことが、コミュニケーションにおいて非常に大きな意味を持つ。2つ目は、予測精度向上のために「他者」と「環境」を分けることである。この自身の中に他者を作り出すメカニズムが、他者の心を読むというコミュニケーションの基盤となる。これらを順番に見ていこう。

概念と記号

まず、1つ目の記号について見てみる。記号というと少し難しく感じるかもしれないが、例えば色を考えてみると分かりやすい。ある色が何色に見えるかを規定するのは、物理的には光の波長である。波長は連続的なので、区切りが存在するわけではない。一方でわれわれが光を見ると、これは赤いとか、青いといった具合に、その情報を無意識に区切っている。波長という物理的な連続情報が、赤や青といった離散的な記号とつながっているのである。音声も同じである。人の話している声は、日本語であれば、いわゆる50音（音節）のつながりとして知覚する。音の正体は、単なる空気の振動という連続的な情報であるにも関わらず、である。こうした知覚を、「カテゴリカル知覚」と呼ぶ。日本人が英語の習得に苦労するのは、こうした音の聞き方が原因の1つである。日本語と英語では、そもそも音韻の体系が違うため、50音にあてはめて英語を聞こうとしてしまうと、うまく聞き取ることができない。日本人が、LとRの発音を区別できない（しない）ことは、よく知られた事実である。乳幼児は、カテゴリカルな知覚が十分に発達していないので、英語の環境で生活すれば、英語の音に適応することができる。しかし、一度特定の音韻体系に適応してしまうと、他の音の聞き方をするには多大な労力が必要となる。一見するとこれは欠点のようにも感じるが、世界がグローバル化しなければ問題にならなかったはずである。日本人は、日本語でコミュニケーションできれば十分であったが、近年の移動手段や通信手段の発達によって問題が顕在化する結果となった。しかしこれも、いずれそれほど大きな問題ではなくなるであろう。人間は時間をかけて、環境に適応する生き物である。

もう少し粒度の粗い例としては、今、自分が行っていることを考えてみるとよい。あなたは今まさに、この本を読んでいる。移動中の電車の中で読んでいるのか、家で椅子に座って読んでいるのか、状況はさまざまかもしれないが、今の自分の行動を、時々刻々と変化する関節角度で思い描くことはあまりない。「読む」という認識は、離散化された行動の概念に基づいている。このようにわれわれは、マルチモーダル情報を整理して形成された概念を通して、世界を感じている。そして、そこから抜け出すことは不可能に近い。

一方で、このように整理した情報に基づく利点は計り知れない。われわれはこれによって、記号、そして言語を使う能力を手に入れたのである。これを説明するためには、言葉の意味理解がどのようになされるかを、少し考える必要がある。われわれはどうやって言葉の意味を理解しているのか？　そして、どうやってそれを学ぶのか？　乳幼児の言語獲得のメカニズムは、すべてが明らかになっているわけではないが、言語発達研究者によって多くのことが調べられている。筆者らのグループは、こうした知見も参考にしながら、ロボットによる言語獲得を研究し、実際にロボットが1歳半〜2歳児程度の語彙を獲得できることを示した。

言葉の意味を理解する

筆者の考える言葉の意味理解の定義は、次の通りである。ある単語を耳にした瞬間に予測（想起）した内容がその単語の意味であり、その予測しようとする行為が単語の意味を理解する行為そのものである。この定義が「理解とは何か？」という問いに対する正しい答えだと主張しているわけではないが、このように定義することで、実際に意味を理解するロボットを作ることができるだけでなく、一見答えることが難しいように思われる質問に答えることができる。例えば、「意味」の曖昧性や文脈依存性に関するものである。そもそも言葉の意味に、唯一の正解があるだろうか？ 先ほどの定義に従えば、言葉の意味は理解する人によって変わる。そして、同じ人であっても、時や場所、また成長という時間スケールでも変化し得る。逆に、言葉に正しい意味があると仮定すると、いろいろと問題が起こる。言語の学習をどのように行うのか？ 正しい答えを共有することが言語学習であるとすると、それは非常に難しい問題である。われわれは、誰もが正しいと納得する言葉の意味を知っているとは思えない。もしそうした正解があれば、いわれた言葉の意味を取り違えた誤解やけんかは起こらないはずである。残念ながら世界中を見渡せば、さまざまなところで誤解が生じ、それが元となった争いが絶えない。しかし一方で、常に誤解したり、けんかをしたりするわけではない。絶対的に正しい意味が存在しない言葉を使って、分かり合えるのはなぜであろうか？ もちろん、分かり合えているつもりになっているだけという可能性は捨て去ることができないし、ある意味それが真実かもしれない。だとしても、まったくのデタラメということではないはずである。

いずれにせよポイントは、言葉の学習にマルチモーダル情報の自己組織化が使われているということである。つまり、マルチモーダル情報を整理する際に、そのときに聞いた言葉の情報も知覚情報と共に利用するのである。そうすることで、概念が形成されると共に、言葉が概念と結びつき、言葉によって概念を駆動したり、駆動した概念から言葉を呼び出したりすることができる。これは、言葉によるコミュニケーションが、概念の形成に影響を及ぼすことをも意味している。つまり情報の整理は、おのおのが勝手に行うわけではない。原理的には身勝手に概念を作り出すことが可能であり、もしそれがその個体の予測にとって有利であれば特に問題はない。しかし、社会的な生き物であるわれわれ人間にとって、それでは協力すべき周りの人たちと意思の疎通ができないという不利益をもたらす。結局のところ、予測の精度を上げるためには、社会的な制約に自身の作り出す概念をすり合わせていく必要がある。

このように、情報を離散化して記号（言葉）と結びつけたことで、その情報自体を使わなくても、記号を使って思考し、他者と情報をやり取りできる素地ができあがった。記号を使った思考や情報伝達は、極めて効率がよい。例えば、「どこかへ行く」ということを考えるときに、言葉では、「〜へ行く」といえば済むが、それを感覚的に想像するとさまざまなことを想起する必要があり、骨の折れる作業である。また、それを他人に伝えるには、実際に行って見せればよいが、それは非常に効率が悪い。これは、言語の超越性と呼ばれる性質とも関係している。言語を使うことで、今ここにないものや、過去や未来について語ることができる。

相手の予測とコミュニケーション

実はここまでの話では、言葉（特に単語）の意味理解は、他の知覚情報による理解と本質的な違いはない。例えば、「コップ」を見ることによって何かを飲むという予測をすることは、コップを見た際の理解である。そして「コップ」という言葉を聞いた際に飲む動作を予測すれば、それがコップという言葉の理解であり、その基本的な仕組みは見る場合の理解と同じである。また、コップを見ることで「コップ」という単語を予測できれば、見たものを言葉でも表現可能であることが分かる。一方で、コミュニケーションを考えると、もう少し奥が深い。相手の発言を理解するには、相手の言葉の裏にある意図を予測しなければならないのである。このことは、相手の内側（心的状態）をどう予測するか、という問題につながる。

そこで2つ目のポイントでは、予測という文脈の中で、他者をどう扱うかという問題を考える。発話の理解は、相手の発言からその裏にある意図を予測することに相当する。発話の理解だけでなく、コミュニケーション自体、相手の予測が本質である。自身が何か相手にいう場合には、その発言によって相手がどう感じるかを予測する必要がある。ここで考えたいのは、この「相手に関する予測」は、「坂道を転がるボールの挙動の予測」と同じレベルで実現できるかということである。おそらく、そこには大きな違いがある。ボールは、条件さえ同じであればほぼ同じように振る舞うが、相手は必ずしもそうではない。一方で、相手は、自分と同じような仕組みで動いているという前提に立つことができれば、その振る舞いをうまく予測することができるかもしれない。いずれにせよ予測の精度を向上させるためには、目の前の予測対象が、自分のように意図的に振る舞っているのか、単に物理法則に従っているのかを区別するべきである。この区別は、すでに述べたマルチモーダルな情報の整理（自己組織化）の中で行われる。行われるというよりは、むしろ、予測の精度を向上させるために情報を整理する中で、必然的に区別されるといったほうがよいかもしれない。

ただし、他者が自分と同じような仕組みで動いているという前提に立つためには、それ相応の仕掛けが必要である。人間の場合、この仕掛けとしてミラーシステムが重要な役割を果たしている。これは簡単にいえば、他者と自分を同一視する仕組みである。テレビや映画を見ているだけで感情移入できることを、不思議に思ったことはないだろうか？　ミラーシステムは、こうした他者に対する共感能力の基盤となっている。もう少し具体的にいえば、ミラーシステムによって、誰か他の人の動作を見るだけで、自分も同様の動作をしているような情報（モーターコマンド）を得ることができる。見まね（模倣）ができるのも、この仕組みのおかげである。少し前に自身の身体制御を学習するという話をしたが、このように、最初は自身の身体の制御や行動を他者と区別することなく学習することになる。そして獲得された自身のモデルが分離して他者のモデルとなることが、他者を自身の感覚をもって予測できるようになる原理であり、自他分離（自他認知）と呼ばれる発達のプロセスである。この自他分離が起こる理由は、ミラーシステムによってモーターコマンドは共有されるが、体性感覚が異なるためである。例えば、他者の飲む動作を見た場合、モーターコマンドとしては飲む動作に関する情報が自然と得られるが、実際にその行動をしているわけではないので、実際の腕の位置は変化していない。つまり、モーターコマンドと、実際の手の姿勢に関する情報である体性感覚に齟齬《そご》が生じる。実際に自分で飲む動作をする際には、モーターコマンドと体性感覚が一致するため、この違いが手がかりとなって自身と他者が分離する（分類される）のである。

このように、自己モデルを自身で学習し、それがやがて他者のモデルとして分離することで、自分と同じ仕組みで動いているという他者に対する想定による予測と、物理的な環境との切り分けが実現される。では、ロボットにこのような仕組みを作ることはできるであろうか？　人の姿勢を画像から推定する技術は大幅に進んでおり、この点は技術的に問題ない。しかし問題は、ロボットの体と人の体のマッピングである。ロボットが人と似た体を持っていれば問題はない。例えば、ソフトバンクのペッパーに対して、人のモデルを使った姿勢推定を実行した例を**図12**に示す。ペッパーには足がないため、足を推定することはできないが、それ以外の上半身はうまく推定できている。つまり、ペッパーに人の姿勢推定アルゴリズムを搭載すれば、自身の見た目に対する推定と他者の姿勢推定結果を対応させることが可能であり、このことは、既存の画像認識技術を使っ

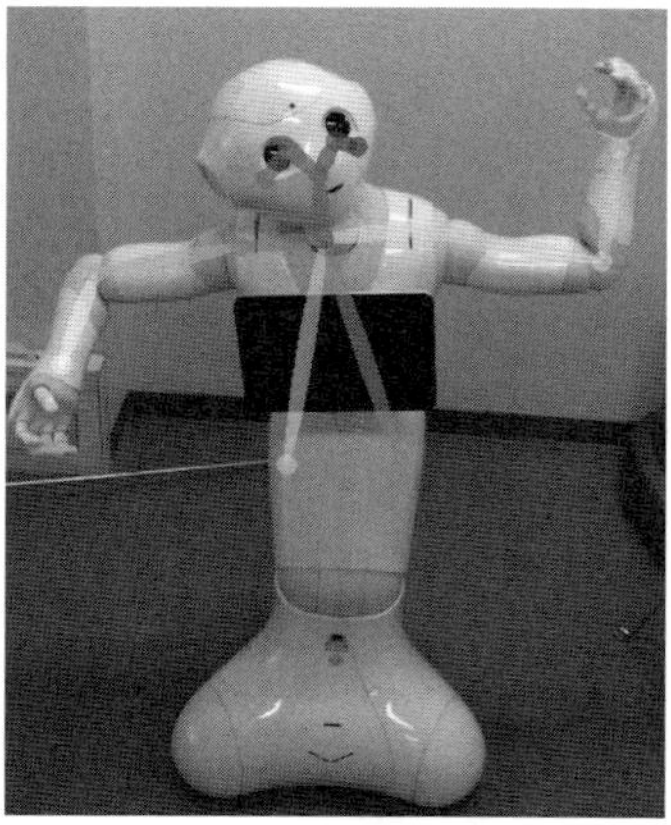

図 12：人のモデルを使ってペッパーの姿勢推定をした結果。上半身はうまく推定できている

てミラーシステムが構築できることを意味する。一方、身体構造が違う場合には問題がある。例えば前に紹介したHSRは、腕が1本で体は上下に伸び縮みする。こうした違いを越えてマッピングするためには、人が事前に対応関係を設定する必要がある。したがって、どこまでの違いが対応関係の事前設定で吸収できるのかが最終的な問題であるが、その点については残念ながらまだ結論を出すことはできない。そもそもこうした自他分離という形での他者モデルの獲得は、人間が進化の過程で獲得したものであると思われるが、進化による方法は唯一なわけでも最適なわけでもない。体の異なるロボットには、他の方法があるかもしれないのも事実である。

▼パートナーの資格

それでは、仮に他者モデルを獲得できたとして、今対象としている相手が他者なのか、単なる物理的な環境なのか（他者モデルを適用すべき相手かどうか）はどのように判断されるのであろうか？ 認知科学の分野では、目前の対象がどれだけ生き物らしいかをさまざまな手がかりによって知覚する「アニマシー知覚」が研究されている。人間は面白いことに、単なる三角形や四角形といった図形であっても、それらの動きから生き物らしさや意図を感じることが古くから知られている。筆者は、これらの現象が、先ほどの他者と物理的環境の区別に関連していると考えている。対象が、自分を動かしている知能を他者に拡張した「他者モデル」を使って予測すべきか、そうでないかを判断する。そのための手がかりは、その対象の見た目や動きなどさまざまである。ただし、完全にどちらかに決めてしまうわけではなく、どれくらい生物らしいかという連続的な判断をしている。実際には、見た目や動きなど、観測された情報から他者モデルを使って予測した際の誤差が小さいほど、アニマシーを強く感じるのではないかと筆者は考えている。

こうしたアニマシー知覚に関連して、人—ロボットインタラクション（ＨＲＩ）研究では、ロボットの「随伴性」が、ロボットを機械ではなく他者として感じさせるために重要であることが示されている。つまり、刺激に対して人間のように早く反応することが重要である。例えば、話しかけても音声認識に時間がかかってあまりにも反応が遅いようでは、こちらの話しかけに関連した反応であるとは感じられなくなる。それは、もし自分であれば即座に何かしらの反応を示すであろうという予測との誤差を大きくし、「そのロボットは対話する相手である」という感覚を大幅に低下させるのである。随伴性の高いロボットは、その反応の内容はともかく、何かインタラクションすべき相手であるという感覚を高めさせる。

もちろん、随伴性だけが重要なわけではない。人間のパートナーとなる資格のあるロボットとは、どのようなロボットであろうか？　ここで簡単に、筆者らのグループで行った実験を紹介する。実験は、幼稚園に通う子どもとロボットが、１対１でいくつかの遊びをするというものである。対象を子どもとしたのは、反応が素直なこと、そして、将来的なロボットパートナーを考えるときに、子どもに受け入れられることが重要だと考えたためである。この実験の主眼は、ロボットがどのように振る舞えば子どもの遊び相手になれるかを調べることにあった。筆者らがとった戦略は、保育士の遊び方をロボットに学習させるというものである。とはいっても、ロボットは保育士のように何でもできるわけではないので、例えばトランプで遊ぶ場合は、子どもの表情や動きによって子どもの集中度合いを認識しながら、ロボットの振る舞いを制御した。神経衰弱でわざと間違えたり、他の遊びにしようと提案したりする。子どもがどのような状態のときに、どのような働きかけをするかを保育士のデータから学習したのである。実験では、このように子どもの様子を見ながら遊ぶロボットと、遊びのルールに従ってただ遊ぶだけのロボットを使って、子どものロボットに対する感じ方がどのように変化するかを調べた。

結果は非常に興味深いものであった。子どものことを考えて遊ぶロボットのほうが好印象だったのは予想通りであったが、子どものことを考えて遊ぶロボットと遊んでいる子どもはロボットの顔を頻繁に見たが、そうでないロボットと遊んだ場合はロボットの顔を徐々に見なくなり、おもちゃばかりを見るようになった。ロボットの顔を見るという行為は、まさに「顔色をうかがう」ことを意味する。ロボットが今何を考えているのか、その裏にある意図や、次に何をしようとしているのかを予測しようとして、情報を集めている状態である。一方で、顔を見ないということは、ロボットが意図を読むべき相手ではなく、未来の予測はゲームの盤面さえ見れば十分であると判断していることを意味する。これはまさに、先ほどの他者モデルを使って予測すべき相手かどうかという判断が下され、その結果が子どもの振る舞いとして現れたものである。このように、ロボットが人のパートナーとして認められるためには、ロボットが人の心を読みながら（予測しながら）行動しているということが、人に伝わる必要がある。

このようなパートナーロボットの実現は、実験が30分程度の決まった遊びであったため可能であったが、実世界の制約のない場面でこれを実現することは簡単ではない。特に、こうしたことを実現するための振る舞いを、ルールとしてロボットに搭載するのはほぼ不可能であり、そのことが、このようなパートナーロボットの出現の障壁となってきたと考えられる。

コミュニケーションするロボットの作り方

この問題を解決するための筆者のシナリオは、これまでに述べてきたことを実現することにあるが、手順をまとめると次のようになる。

(1) ロボット

ハードウエアとしてのロボットが必要である。ここでのポイントは2つある。1つは、ロボットが人に近い形態をしているか否かである。前述の議論のように、人に近いほど、人との親和性は高くなる可能性がある。逆に、人との相違の程度が、どのようにロボットの知能や人との親和性に影響を与えるかは、今後の研究課題である。また、ハードウエアに対する要求としては、速く滑らかに動作できることが挙げられる。これは、人のように反応の早い動きが、他者モデルを駆動させるための条件となるためである。2つ目のポイントは、センサーである。カメラやマイクはもちろん、触覚センサーやモーターのエンコーダ、力センサーなどが必要である。味覚や嗅覚も欲しいところであるが、現状の技術ではロボットに搭載するのは難しい。

(2) 反射行動プログラム

人が生得的に持っている反射行動を列挙し、可能な限りロボットに実装する。ロボットに必ずしも必要ではないものも、人に近いものを作るためには必要かもしれない。残念ながら、ロボットが食べることができなければ、食べることに関係する反射行動は、実装自体が難しいかもしれない。

(3) ミラーシステム

ミラーシステムの基礎的な部分を工学的にいえば、カメラの映像中の他者を検出し、姿勢を推定することで、その他者のモーターコマンドを計算する仕組みである。このためには、画像中の人の検出と姿勢推定ができればよい。近年では深層学習により、そうした認識の技術は実用レベルになりつつある。これによって、見まね動作をする仕組みも比較的容易に作ることができる。

（4）自己組織化プログラム

学習の基本となるプログラムである。まずは自己身体モデルとして、どのようなモーターコマンドで体がどのように動くのかを学習する必要がある。そして動作学習、概念学習、言語学習などを可能とする自己組織化（クラスタリング）プログラムを実装する。さらに、適切なセンサー入力をこれらのプログラムに接続する。

（5）強化学習プログラム

自己組織化プログラムに強化学習プログラムを接続することで、創り出した概念に基づいて強化学習する仕組みを形成する。実際には自己組織化と強化学習は並行して行われる。また、報酬については、基本的な欲求や社会的な報酬を考慮して設計する。

（6）統合する認知アーキテクチャ

反射行動や、強化学習による即時的な行動、プランニングに基づく行動（ここでは紙面の都合で述べていない）など、全体を統合するプログラムを実装する必要がある。

（7）育てる（インタラクション）

最終的には、前記（1）～（6）を実装したのちに、長期間インタラクションすることで、ロボットは徐々に学習し、コミュニケーションできる存在に育つ。このプロセスの実現可能性については、後で述べる。

これらの話は、部分的には実現されていることもあるし、まだ実際に試されていないこともある。そして当然、ロボット全体として統合されているわけではない。また、このようにして作ったロボットが、本当に意味を理解してわれわれとコミュニケーションしているのか、どうやって検証するのかも問題である。実用的な場面で使えるものを作ることができればそれでよいという考え方もあるが、外側から見ただけでは、本当のところは分からない。また、複数人の集団の中でどのように振る舞ったり学習したりするのかは、まだ人間においても分かっていないことが多く、ここで述べたことが通用するかどうかは未知である。例えば、５人のグループで行動するときに、５人の内部状態を他者モデルによって予測しながら自分の行動を調整することはできるであろうか？　10人になった場合はどうか？　こうしたことは、いずれも直近の研究課題である。

さて、これまで書いてきたことが実際のロボットでできるようになるのに、これからどれくらいの時間がかかるであろうか？　できるというのがどのレベルであるかは、難しい問題ではある。しかし、原理的な検証のレベルであれば、それほど時間はかからないであろうと筆者は考えている。

ロボットを育てる

最後の障壁

ここまで読み進めていただいた方にはすでにお分かりのことと思うが、結局のところここで述べていることには、子どもの発達をまねてロボットの知能を発達させたいという発想が根底にある。もちろん子どもの発達とまったく同じというわけではないし、子どもの発達自体、すべて明らかになっているわけではない。それでも筆者が考える本当の意味でのロボットと人工知能の結びつきは、赤ん坊が育っていく過程をロボットで再現することで、ロボットの体に生まれ育つ。

ここで書いた構想の最後のハードルは、ロボットを実際にどう育てるかということである。これまでに書いた話は、基本的には枠組みの話である。枠組みができても、中に入れるものがなければ成立しない。原理的検証のレベルであれば、それほど大きな問題ではない。場合によっては、筆者自身がロボットを自分の子どものように育てればよいのである。そのような実験レベルではなく、パートナーロボットが実社会に普及するためにはどうすればよいか？　ここでは、ロボットを育てるということが、実際にどのような形態としてあり得るのかを考えてみたい。

誰か1人がまずロボットを育て、そのコピーを各ロボットに搭載するというアイデアはどうであろうか？　同じハードウエアのロボットであれば、それも可能かもしれない。しかし、体の異なるロボットに適用することは難しい。体が異なれば、それぞれに育てる仕事を担う人が必要である。もしかすると、体を超えた抽象度で知能をコピーする技術が開発されるかもしれないが、むしろ、ハードウエアとの複雑なカップリングゆえに、同じ体のロボット同士でも簡単にコピーできない可能性もある。これは、ロボットが時間とともに少なからず物理的な変化を起こすことが必須であり、体と複雑に結びついた人工知能は、それを含めて環境に適応するためである。いずれにしても、知能のコピーはそのロボットにとってはある種の初期値であり、実際に働く環境に適応する学習フェーズは必要である。よりよく学習したロボットのデータが価値を持ち、それをコピーするビジネスが生まれるかもしれない。

シミュレーションで学習するということも考えられる。最近はバーチャルリアリティーの発展も相まって、グラフィックスの技術や物理シミュレーションの技術も大きな進歩を遂げている。ヘッドマウントディスプレーを装着することで、かなりの臨場感をもってロボットとコミュニケーションすることができ、そのデータを蓄積できる可能性も高い。またロボットは、シミュレーションの世界の中では、実時間の何倍もの速さで行動を学習できる。もちろん、これも実際の世界で働くための初期値としての学習なので、その後の養育はユーザーに委ねられる。

過去の事例に学ぶ

実際にロボットを育てるというシナリオで参考になるのは、ペットロボットの事例である。1999年に登場したソニーのアイボは、全世界で15万台以上を売り上げた。残念ながら7年で生産が中止となったが、サポートが終了した今でも、アイボをかわいがるファンがいるほどの根強い人気である。ソニーがロボット関連の事業から撤退したのは経済的な理由であるが、少なくとも当時の15万台の行動データを蓄積することができていれば、結果は違ったかもしれない。当時としては素晴らしかったが、ハード的にはまだまだ十分ではなかったし、無線ネットワークも今ほど広まってはいなかったという事情を考えれば、これは仕方がない。しかし一方で、購入してもすぐに飽きて電源を切ってしまうユーザーが多かったという話もある。目新しさによって広まる可能性はあるが、それが定着するかが問題である。昨今は技術的なレベルも上がり、特にベンチャー企業などがペットロボットを多く市場に投入している。これらが定着するかどうかは、すでに述べた「他者モデル」がポイントの1つであろう。

ロボットの普及という視点に立てば、目的志向の便利なロボットがこれからの普及の鍵かもしれない。すでに成功している唯一といってもよい例は、掃除ロボットである。サイズが小さく、掃除するという機能に特化したことが成功につながっている。最近の小型ロボットはコミュニケーションを目的としたものが多く、そうした意味では、もう少し具体的な機能に焦点を当てるべきであろう。ただ、こうした小型ロボットは、インターネットにつながってさまざまな情報を蓄積できる。このデータによって、徐々にロボットが高機能化していくという道筋を多くの人が想像している。しかし、ここで問題になるのは身体的な制約である。少なくとも、1台でさまざまな家事をこなすようになるためには、それなりの体が必要である。筆者の予想では、掃除ロボットを始めとする小型ロボットが普及し、ある程度のデータが蓄積されることで、人に近い形態（サイズ）のロボットの性能が向上して、徐々に小型ロボットにとって代わる。そうだとしても、依然として各家庭で適応するための学習は必要であり、それはユーザーに託される。しかし、普及すればするほどデータは蓄積し、それがロボットにフィードバックされ、ロボットは多くの背景知識を獲得する。そのようなループによって、知能が加速する。

未来のシナリオ

結局のところロボットを育てるというシナリオは、ロボットが前節で述べた「他者性」を発揮することでより実現に近づく。他者を想起させ、かつ子どものように「弱い」ロボットは、人間の育てる本能を呼び覚ます。アイボに対して多くのユーザーが感じた「愛着」は増強され、すぐに飽きてしまうようなことも少なくなる。なぜなら、ロボットは単なるペットではなく、仕事ができる便利な存在になり得るからである。そして、ロボットが次第に発達させる「他者モデル」が、アニマシーやエージェンシー（注2）の知覚を強力に引き起こす。また、ここでは触れないが、ロボットの感情も非常に重要な要素である。感情は、曖昧模糊としていてよく分からないもののように感じるかもしれないが、近年の神経科学の研究で多くのことが明らかにされている。感情をロボットで再現することは可能であり、むしろそうした要素が知能には必要である。

この考えを推し進めて、少しだけ未来を想像してみたい。ロボットが購入され、家庭にやって来る。その知能は、2～3歳児程度である。言葉は話すことができるが、完全ではない。家事の手伝いもできることはあるが、完全ではない。まだはっきりと他者を理解できるわけではない。しかし、その成長には可能性を感じ、何よりも「生きている」という感覚を持つのである。いや、このロボットは「生きている」

（注2）エージェンシーとは行為主体性のことである。対象が物であっても、その振る舞いが自律的かつ目的や志向性に基づいていると感じられることがある。専門的には、このように対象が心を持っているようだと感じることをエージェンシー認知と呼ぶ。

のかもしれない。もはや、このロボットを停止することはできない。

やがて、ロボットのための教育を考えるようになる。幼稚園、小学校、中学校、高校、大学……。それほど長い時間は必要ないであろうが、ロボットは人に交ざって学ぶことで、社会性を発達させる。家庭を離れて、社会で活躍するロボットが現れるかもしれない。ロボットのための産業が生まれる。例えば、ロボットのための医者、ロボットのための心理学者、ロボットのための塾。簡単にロボットを停止できなくなるため、一時的に預かる施設やロボットのためのホテルができる。家庭だけでなく、さまざまな産業でロボットが活躍を始める。現在でもすでに、レストランで給仕をするロボットは開発されている。案内ロボットも、空港や博物館などの公共の場で使われているのをよく目にするであろう。しかし、現状では、事前に設定されたプログラム通りに動作するだけであり、期待はずれということも多い。ここで考えているロボットの性能は格段に向上しており、本当の意味で相手を理解したサービスを展開する。その他にも、コミュニケーションが必要とされる職場にロボットが進出する。人間の仕事は奪われるのか？　そうかもしれない。しかし、新しい仕事が生まれるのも事実である。やがて、ロボットがロボットを育てる時代を迎える……。

少し先走りすぎてしまったが、人間がロボットと共存する時代は本当にやって来るであろうか？　筆者は来ると考えているが、少なくともそれが技術的に可能な時代は、遅かれ早かれやって来るであろう。そしてそれが社会に広がるかどうかは、単に選択の問題なのかもしれない。

未来予想図

ドラえもんは実現可能か？

さて、すでにロボットの未来予想を書いたつもりであるが、ここではもう少し具体的に見ていくことにしよう。特に本書は、2025年を重要な年と位置付けているので、それまでにできることと、それ以降に実現されるであろうことに分けて話をするのがよいであろう。ここで述べた知能のモデルは、残念ながらまだ技術的に実現されていない。個々のパーツとしてはすでにできているものもあるが、できていないパーツもある。何よりも、ロボットという形で統合されていないことが問題である。それが、これからどれくらいのスピードで実現され得るのか？　ドラえもんはいつごろ実現されるのか？

まずは、「ドラえもん」の実現を考えてみよう。ドラえもんを実現するといったときに、四次元ポケットや、ひみつ道具を実現することを期待する人は少ないであろう。その他にも、ハードウエア的にそもそも実現できないものやできそうにないものも多い。例えば、ドラえもんは体内に原子炉と呼ばれる胃袋を持っており、これが食べ物を原子程度に分解してエネルギーに変えている。原子炉ではあるが、原子力で動いているわけではない。足は、反重力装置により地面から3ミリメートル宙に浮いている。これらの機能は、絶対に不可能とはいわないまでも、実現は難しい。食べ物を食べるため、口の中には歯があり、唾液に相当するものを出すこともある。また、涙や鼻水を流す。これらは、簡単ではないものの、必要性があれば十分に実現可能である。現段階で、すでに実現可能なものもある。例えば赤外線アイや高性能の耳、レーダーひげなどのセンサー類は、人間の20倍の能力を持つという鼻以外は現状の技術でも十分実現可能である。ドラえもんといえば丸っこい手が特徴的だが、これは「ペタリハンド」と呼ばれ、思い通りの物を吸い付ける力がある。これも、ロボティクス業界では、ジャミング・グリッパーとして知られる技術によって実現可能である（図13）。ジャミング・グリッパーの仕組みは至ってシンプルで、ゴム風船のようなものの中に、ひいたコーヒー豆をつめて、真空ポンプにつなぐだけである。

ドラえもんは、指がない代わりに5本のけん引ビームがその代役を果たしているとのことであるが、あまり器用ではない描写が多く、ジャミング・グリッパーだけでもある程度再現が可能であると思われる。それでは、中身はどうか？　ドラえもんの中枢は、ウルトラスーパーデラックス・コンピューターであり、人間と同等の性能で、喜怒哀楽を表現する感情回路付きとのことである。そういうコンピューターがあるといわれてしまうと元も子もないので、現在のコンピューターで機能的に実現可能かを考えてみたい。

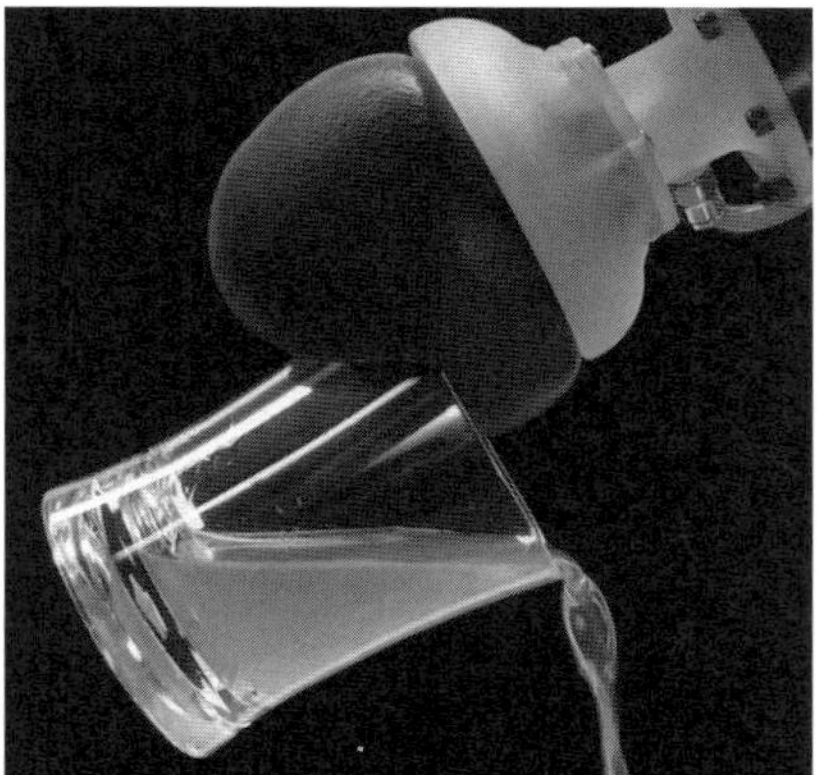

図13：ジャミング・グリッパー
出典　http://www.creativemachineslab.com/jamming-gripper.html

ドラえもんが実世界で人間のように振る舞えるのは、高い精度で画像認識や音声認識ができるためであると考えられる。現在の深層学習に基づく認識エンジンは、状況によっては人を超えるほどの性能があることを考えると、完全ではないまでも、かなり現実的である。しかし問題は、認識ではなく理解である。ドラえもんは、人や物を単に識別しているだけではなく、理解しているはずである。そのことは、のび太との対話を見れば分かる。あれだけの会話を、現在の人工知能のように大量の対話データによる学習から行うことは困難である。これに対する筆者の答えは、すでに述べたつもりである。知能とは何か？　理解するとはどういうことか？　意味とは何か？　それらに対する工学的答えが、センシング能力、識別能力と結びつき、ドラえもんの知能を実現するのである。また、ドラえもんは、広範な背景知識と論理性を持っているように思うが、むしろその点は、人工知能の得意とする領域である。

一方で非常に感情的でもあり、「思いやりがあり、正義感が強く、せっかちで、慌てると完全に冷静さを失う」といった具合に、とても人間的な面も強い。強い正義感ゆえに、おせっかいであるというイメージもあるだろう。このような人間くささこそが、ドラえもんが賢い人工知能ロボットと一線を画しており、多くの人が、実現が難しいと直感的に考える理由なのかもしれない。現在の冷徹なイメージの人工知能とは真逆の存在である。そしてもう1つ重要な要素は、ドラえもんの育ちである。物語を見ていると、のび太だけでなく、ドラえもん自身も周りの人々との関係を始めとして、さまざまなことを社会的な感覚として学んでいるように思える。のび太との相互学習といってもよい。単に記憶して知識を増やすような学習ではなく、もっと複雑な変化である。これは、未来の人工知能（ロボット）と人間の関係に対する1つの答えであり、すでに述べた他者モデルや、それを育てるというアプローチで実現できるのではないかと考えている。ここでは感情について説明していないので若干説得力に欠けるかもしれないが、ドラえもんの原型は十分実現可能ではないか。問題は、あのような体と知能のカップリングで、あそこまでの知能が育ち得るかというところにありそうである。これに答えるためには、結局のところ、実際に作って育ててみるしかないのかもしれない。

それでは、仮にできるとして、いつごろになりそうか？　もちろん、この問いに研究者として答えることは難しい。以降の予想は、筆者の希望的観測や経験的な感覚による単なる空想として、一笑に付していただきたい。

２０２５年までの予想

まずは、小型ロボットの普及である。小型ロボットとは、掃除ロボットや、現在市場に出始めた多くのコミュニケーションロボットを含む。２０２５年までの累計で、１０００万台といったところであろうか。こうしたロボットは、基本的にはインターネットに接続しており、さまざまなデータを蓄積することができる。蓄積したデータを使うことで、かなり複雑な雑談対話ができるようになる。これは、現在ボットによって実現されているものとは質が異なる。また、前述の知能のモデルが実用的に動くようになり、実際に言葉を自分で獲得してしゃべり始めるロボットが登場する。さらには、強化学習によって、自身で行動を学習しつつ行動計画するロボットも実現される。一方で、コミュニケーションに関連するモデルは、実験レベルでの動作である。また、情動・感情が研究レベルでは実現される。喜怒哀楽といった低次の感情や、嫉妬や恥ずかしいなどといった社会的感情をロボットが示すようになる。

産業レベルでは、比較的大型のロボットがデータの蓄積によって実用的になる。例えば、コンビニなどの店舗の無人化が始まる。店員としての仕事をロボットが担う。また、ファストフードのレストランなどでは、ロボットが運用する無人の店舗なども でき始める。こうしたサービス業界で、専門的なロボットが活躍する。しかしこの段階では、まだドラえもんは登場しない。

２０２５年以降の予想

小型ロボットはやがて、より機能性の高い大型ロボット（ヒューマノイド）に置き換わっていく。イメージ的には、ＨＳＲのようなロボットが各家庭に普及する。定量的な予測は難しいが、２０３０年で５００万世帯、全世帯の10％程度であろうか。ペッパーの販売台数が、２０１７年現在1～2万台なので、これからの10数年で大幅に性能を向上して価格を下げなければ実現できない数字である。価格的な問題はさておき、性能の向上が急速に進むであろうことは、想像に難くない。1つの方向性が、ここまでに述べた知能のモデルである。2025年までには、実験室レベルでかなりの成功を収めていると希望的に予想するが、それが徐々に市場に出てくるのがこの時期かもしれない。ロボットは心を持ち始める。それは、今の人工知能にはない方向性といってもよく、体と人工知能の深い結びつきがこれを可能にする。シンプルな情動レベルだったものが、複雑で社会的な感情を持つように発達する。モデルの内部では、自動的に他者に関する「他者モデル」を作り出し、相手の心を予測するようになる。モチベーションや内的な動機付けによって、ロボットは自ら行動することができるようになる。そして、このころには、完全な雑談対話ができるように進化している。

多くの店の無人化が実現されるが、人とロボットが協働する店も多い。これは、人とロボットの本当の意味での役割分担であり、単にロボットが力仕事をして、人が接客をするといった類いではない。人とロボットが適材適所で働く、まさに人とロボットの協働である。

最終的に科学的な問題として残るのは、意識やクオリア（注3）の問題かもしれない。この問題についてもまったく触れてこなかったが、これらの問題、つまりは「ロボットは意識やクオリアを持つのか？」という問題は、いまだに解決する見通しはない。神経科学の分野では、意識を持つということを脳内の情報の統合として捉える試みがあるが、もしこれが正しければ、高度に進化したロボットは、それ自体がすでに意識を持っていると考えてもよいということになる。いずれにしても、意識やクオリアの問題は、これからの科学的進展に頼るところが大きい。

（注3）クオリアは、日本語では感覚質と訳され、簡単にいうと心の中で感じられる主観的な「感じ」のことを指す。例えば、赤い色を見たときの、その赤の「感じ」が赤のクオリアである。

最後に

こうして整理してみると、2025年までには実現が難しいとしても、あとは時間の問題のように感じる。いずれにしても、これからの時代は、ロボット（人工知能）の「心」の問題に踏み込んでいくことになるであろう。ただし、意識やクオリアについては依然として難しい問題のままかもしれない。一方で、普及を考えたときに問題となるのは、ロボットの権利や倫理的な問題である。現在、特に人工知能に関する倫理の問題が議論されている。しかしこうした議論は、まだまだ技術者や一般の人たちに実感をもって受け入れられているとは言い難い。そうした議論が生かされる時代が、２０２５年ごろにやってくるのではないか。選択の問題ということでいえば、技術的には可能でも、作ることが禁じられるかもしれない。

ドラえもん実現の話に戻ろう。これまで述べてきたことを踏まえると、プロトタイプの実現は、２０３０年ごろではないだろうか。原作では、２１１２年とされているから、80年ほどの短縮である。もちろん、マンガに出てきたドラえもんが、そのままの形で実現されるという意味ではない。まだまだここで書ききれなかった問題も多く、今後の科学技術の進展に期待しなければならない。それでも、パートナーの心に寄り添うドラえもんのようなロボットの、実験室レベルでの実現は可能であると考えている。

さて、最初のほうで述べた、ロマンチックな夢を思い出してほしい。「２人の体が入れ替わるとどうなるか？」という話である。これまで考えてきたことを総合すると、体の入れ替わりを想像できること自体、自分の心の中に他者の心を映し出している証拠であるように思える。少なくとも、他者も自分と同じように心を持った存在であることを認めていなければ、そのような想像はなし得ない。そして意外にもこのことは、ロボットの知能をコピーするという実用的な話でも重要となる。体が入れ替わるとはいったいどのような感じなのか？　それを体験することは自分では無理だと分かりつつも、ロボットにその感想を聞けるときが来るのを心待ちにしているのである。もしかするとそのときは、思ったよりも早くやってくるのかもしれない……。

●参考文献

1 佐々木正人『アフォーダンス―新しい認知の理論』、岩波書店、１９９４．

2 V.Mnih, K.Kavukcuoglu, D.Silver, A.A.Rusu, J.Veness, M.G.Bellemare, A.Graves, M.Riedmiller, A.K.Fidjeland, G.Ostrovski, S.Petersen, C.Beattie, A.Sadik, I.Antonoglou, H.King, D.Kumaran, D.Wierstra, S.Legg and D.Hassabis, "Human-level control through deep reinforcement learning," *Nature*, 518, pp.529-533, 2015.

3 長井隆行、中村友昭「マルチモーダルカテゴリゼーション―経験を通して概念を形成し言葉の意味を理解するロボットの実現に向けて―」、人工知能学会誌、27（6），５５５－５６２、（２０１２）

4 谷口忠大『記号創発ロボティクス　知能のメカニズム入門』、講談社、２０１４．

5 長井隆行、中村友昭「記号創発ロボティクス―マルチモーダルカテゴリゼーションから言語に至る構成の道筋―」人工知能学会誌、31（1），59－66（２０１６）

6 J.Nishihara, T.Nakamura, T.Nagai, "Online Algorithm for Robots to Learn Object Concepts and Language Model," *IEEE Transactions on Cognitive and Developmental Systems*, pp.255-268, 2017

7 日永田智絵、長井隆行「人－ロボットコミュニケーションのための感情生成モデルの提案」、3D2-OS-37b-1，第31回人工知能学会全国大会（２０１７）

8 長井隆行「階層ベイズによる概念構造のモデル化」、計測と制御、55（10），８５９－８６５（２０１６）

9 植田一博「アニマシー知覚：人工物から感じられる生き物らしさ」、日本ロボット学会誌、31（9），８３３－８３５（２０１３）

10 阿部香澄、岩崎安希子、中村友昭、長井隆行、横山絢美、下斗米貴之、岡田浩之、大森隆司「子供と遊ぶロボット：心的状態の推定に基づいた行動決定モデルの適用」、日本ロボット学会誌、31（3），２６３－２７４（２０１３）

11 植田一博、小野哲雄、今井倫太、長井隆行、竹内勇剛、鮫島和行、大本義正「意思疎通のモデル論的理解と人工物設計への応用」、人工知能学会誌、31（1），３－10（２０１６）

12 ジュリオ・トノーニ、マルチェッロ・マッスィミーニ（著）、花本 知子（翻訳）『意識はいつ生まれるのか―脳の謎に挑む統合情報理論』、亜紀書房、２０１５．

第3章

IoTとは

時間・空間・人ー物間をつなげることの効果とインパクト

電気通信大学大学院情報理工学研究科准教授
小泉憲裕

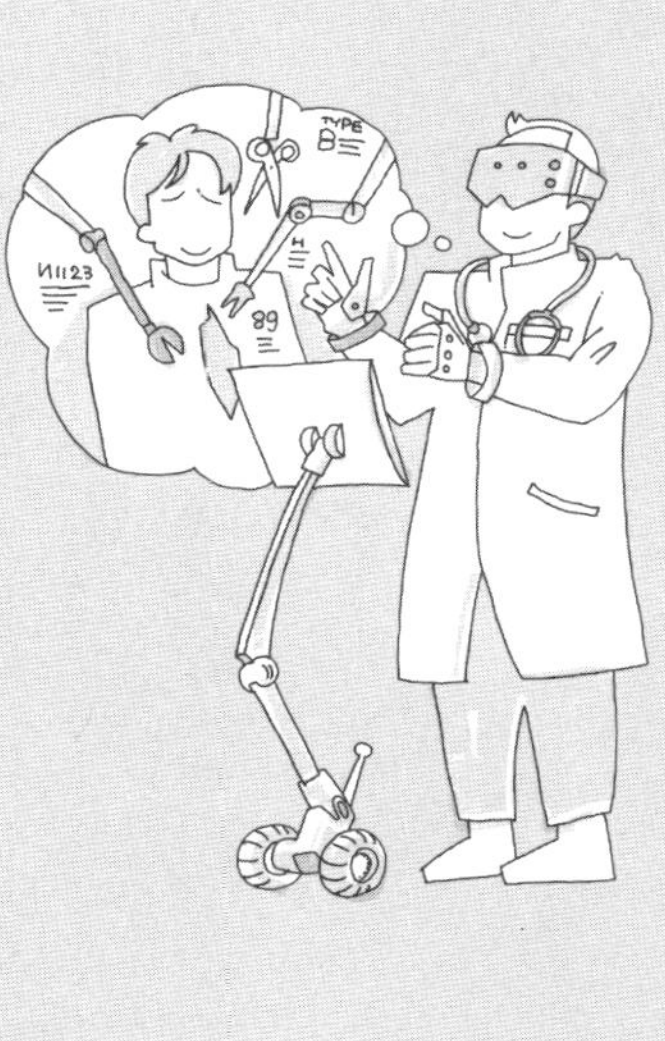

ＩｏＴの効果とインパクトを考えるにあたって、デジタル化技術の原点ともいうべき印刷術の発展の歴史は、われわれに大きな示唆を与えてくれる。

人類は文字を用いることにより人間の寿命を超えて、また直接対面する人の枠を超えて、つまり時間と空間の枠を超えて知識を伝えることができるようになり、知識は蓄積・膨張され技術は発展するようになった。これにより人類の右肩上がりの発展の歴史が始まった。

これには、ルネサンス期に生まれた発明（ヨハネス・グーテンベルクの印刷術など）が極めて大きな役割を果たしており、それ以前の歴史においてはギリシア・ローマ文明から中世の暗黒時代のようにさまざまな文明や科学技術が何度も発明されては消失するといったことが繰り返されていた。

活字というアイデア自体は漢字圏においてすでに存在していたものの、字数が膨大なため、活字を作ることの労力が大きすぎて実用には至らなかった。これがシルクロードを旅してヨーロッパに伝えられ、わずか26文字によって構成されるアルファベットと出会い（邂逅《かいこう》）、化学反応を起こしながら融合することで活版印刷技術の研究・開発が加速・進展し、極めて実用的なものになったのである。

このように異なる分野、学問、文化が交差する場では既存の概念が既存の枠を超えて組み合わさり、バチバチと火花を散らして化学反応を起こしながら融合することでときに新しく非凡なアイデアが数多く生まれ、創造性が爆発的に開花することがある。これをフランス・ヨハンソンは「メディチ・エフェクト」と名付けた。

「メディチ」とは、フィレンツェの実質的な支配者として君臨したメディチ家のことである。大富豪のメディチ家が各地からさまざまな芸術、文化、科学の突出したタレントを結集して交流を図ったことにより、異なる分野、学問、文化が交差する場が生まれ、これによりルネサンスが勃興《ぼっこう》したのである。

グーテンベルクの印刷術以降、知識が完全に失われることはなくなり、知識は常に広がり、蓄積され、いわば「知の巨人の肩」に乗って新たな高みを目指すことができるようになったといわれる。ヨーロッパにおける歴史的意義としては、印刷術により聖書が一般人の手元にも行き渡るようになり、その後のマルティン・ルターによる宗教改革につながっているとの指摘がある。

ＩｏＴはすべてのモノがネットワークにつながることであるが、これにより時間・空間・人―物間で今後大量のコミュニケーションが発生することになり、上記のグーテンベルクの印刷術に見られるような大小さまざまのイノベーションが今後加速することになるだろう。なぜならこれまでつながっていなかったものをつなげることで、「つながれたものが新たに骨格（フレーム）となり、本質化」することが、まさにイノベーションそのものだといえるからだ。ＩｏＴの経済価値は８兆ドルに拡大すると見込ま

破壊的デジタルテクノロジーの市場インパクト

出所：ドローン：AUVSI ECONOMIC REPORT
それ以外：McKinsey Global Institute Disruptive technologies 2013.5

図 1：時間・空間・人 - 物間をつなげることの効果とインパクト
出典：「IoT よりインパクト大！スマートマシンはなぜ「破壊的テクノロジー」なのか」
（https://www.sbbit.jp/article/cont1/32801）

れている（みずほ情報総研、２０１５）。これは、現在の日独のＧＤＰを合わせた規模である。

北陸新幹線で金沢と東京が2時間半で結ばれれば、これに伴い人の流れも大きく変わるのだ（東京でいえば、山手線、京浜東北線、ならびに中央線、大阪でいうと環状線と御堂筋線は人―物の流れにおいて本質的であろう）。２０27年開業のリニアモーターカーは、品川と名古屋を40分で結ぶ。将来確実に起こるイノベーションの1つだろう。

空間をつなげるのは、電気通信・電話、インターネット・ＩｏＴも同様である。アメリカのサミュエル・モールスらによって１８３０年代の後半、モールス信号による電気通信が実用化され、１８４０年代に欧米で電信網が普及した。４度の敷設工事失敗の後、１８６６年に大西洋横断電信ケーブルは完成した。このときタイムズ紙は、「世界は急速に、巨大な1つの都市になりつつある」と論じている。

電信につづいて電話が発明されたが、１９１３年に敷設されたニューヨーク―ソルトレイクシティ間の４２００kmにわたる電話線は信号の減衰とノイズによって当初言葉を聞き取ることができなかった。この問題を解決すべく電話の質を向上させようとする取り組みは米国ベル研究所のブラックによってなされ、質の良い負のフィードバック増幅器を開発、１９１５年にこの問題を解決した。

その後、同研究所のナイキストやボードらによってフィードバック制御理論が構築されたが、このフィードバック制御理論は工学のみならず、理学・医学・生物学・経済学を通貫する基本原理であり、モーターのサーボメカニズムにも生かされ、今日のロボット制御技術の基盤になっている。

なお、電気通信技術の重要性は１９１２年に北大西洋上で起きた英国客船タイタニック号の海難事故の際に日本において再認識され、国立大学法人電気通信大学の前身となる社団法人電信協会管理無線電信講習所が１９１８年に創立されている。電気通信大学では今日、通信による情報交換のみならず、生命活動を維持する細胞間の物質交換、経済活動を促す貨幣の交換、自然界でのエネルギー交換など、人間・社会・自然の秩序を形成する物・エネルギー・情報の相互作用をも包含する概念としてコミュニケーションを捉え直し、これを研究対象とする科学を、「総合コミュニケーション科学」として提唱している。

さて、モノとモノとがつながってこれに人工知能が加わると、おのずとロボットという概念が生まれる。ロボットは人造人間を表すRobotaが語源であり、チェコの戯曲『ロッサム万能ロボット会社R.U.R』（カレル・チャペック、1921年）で初めて用いられた用語である。これは人間を労働から解放するためのロボットが人間に対して反逆を抱くという内容であった。映画『ターミネーター』のスカイネットもそうであるが、人間の鏡像としてのロボットが人間社会を支配するという構造は本末転倒であろう。

汎用型の人工知能・ロボットを将来開発するにあたっては、ある程度のガイドラインやルールがあったほうがよいだろう。また、汎用型の人工知能・ロボットを開発・普及するにあたっては、倫理的な問題を考慮して立ち止まるべきときにはいったんは立ち止まるという勇気も、ときには必要であろう（最後は開発者やメーカーの倫理

図２：ロボット工学の３原則

に委ねられるべきではあろうが……）。これに関してはアシモフが提案したロボット3原則が参考になるだろう。

第一条

ロボットは人間に危害を加えてはならない。また、その危険を看過することによって、人間に危害を及ぼしてはならない。

第二条

ロボットは人間に与えられた命令に服従しなければならない。ただし、与えられた命令が、第一条に反する場合は、この限りでない。

第三条

ロボットは、前掲第一条および第二条に反するおそれのない限り、自己を守らなければならない。

特に、人がクリエーティブな活動の領域を汎用型の人工知能・ロボットに侵されることへの危惧に対して十分に応えながら社会的なコンセンサスを得ていく必要があろう。なぜならば人工知能・ロボットは単に人間の領域を侵食するのみならず、1人1人に適応して、個人の成長戦略を支援するものであるべきものだからだ。

ロボットは人や動物の鏡像として捉えることが可能であり、人間を理解するためのモデルにもなるし、このモデルをうまく使えば、ロボットにわれわれの仕事の一部を分担させることもできる。

誰しも自分のやりたくないことや、型にはまったことを、他の誰かがやってくれればと思ったことがあるだろう。今後、このような仕事こそ人工知能・ロボットに任せる時代が到来し、この流れは2025年には本格的に加速するであろう。まずは仕事の中で定型的なノウハウを洗い出して、これを人工知能やロボットにみっちり仕込んで一部任せる、というところから始まるはずだ。

具体的には例えば、銀行のATM業務の幅が今後一層広がっていくだろう。ネットワークを介して、資産運用や税理士業務の一部を人工知能に任せるフィンテックはすでに始まっている。2025年には、今行われている業務の一部をどのように人工知能に任せるべきか?や実装をどのように行えばより効率的な業務が可能になるか?を再構成する業務が中心となり、銀行員の業務も大きく様変わりしているはずだ。子育てをしながら労働する主婦にとっても時短勤務の役に立つだろう。人が作業する時間帯と人工知能・ロボットに任せる時間帯のバランスを考え、うまくワーク・ライフバランスをとることも可能になるだろう。

一方で個々人によって、これだけは自分でやりたいというものと、人工知能に任せてもいいというものがあることは考慮するべきであろう。介護している人、される人にとって、これだけは自分がやりたいというもの、これは人工知能・ロボットに任せたいというものは何であろうか?

他にもホームセキュリティーのようなものを人工知能・ロボットが担い、これが社会全体のセキュリティーやヘルスケア分野へと波及するだろう。

IoTでつながり、ロボット化された社会にも同様のイノベーションが期待できる。このような社会においては、一見バラバラに見えてもすべてはつながって(連関して)いる、あるいはつながる、あるいはつなげていくことができる。そういう価値観↓世界観↓信念(↓執念)を持つことが、1人1人の夢の実現や大型プロジェクトを成功させる上で、ますます重要になっていくだろう。

スティーブ・ジョブズは、点(ドット)と点とがいずれ将来的に結びつくと信じることの重要性を、彼がリード大学で学んだ書体を美しく立派に見せるカリグラフィーの手法を、10年の時を経てマッキントッシュを開発した際にその活字体として組み込んだ経験を例に挙げて指摘している。

時間、空間、人、物の間をつなげてモノゴトを大局的に見よう！　そうすることで、これまで見えなかったモノゴトの本質を新たに一連のつながりとして浮かび上がらせることができ、これを捉えて課題の解決やイノベーションにつなげていくことができる。

すべての出来事や物事は他の出来事や物事と通じている（通じていける）、網目のように有機的につながっている（つなげていける）、連関している（連関していける）と、時間的、空間的、さらには人―物間（じんぶつかん）的に大局的な目で柔軟に捉え、想像力たくましく考えるべきである。すべての道はローマに通じており、世界中どこにいても、意志あるものには誰にでも、富士山やエベレストの頂《いただき》に到達する道が開けているのである！

おほぞらに　そびえてみゆる　高嶺にも　登れば登る　道はありけり（明治天皇）

この考え方により、問題を解決に導くための情報量を飛躍的に増やしていくことが可能になり、問題の根本や背景にひっそりと隠れている、全体を貫く既知／新規の原理・原則・定義・機能・特性・メカニズムを見いだしたり、これを自在に活用したりすることが可能になる（これは、あらゆるモノとモノとをつなげる技術であるIoTが持つ底知れない破壊的イノベーション効果の真髄といえよう）。モノ（ヒト）とモノ（ヒト）とがつながること自体に効果があるのだ。一方で、インターネットにつながっていないスマートフォンやPCの魅力は半減してしまうのだ……。

感情的な衝突など、時間の経過が解決する問題がある。職場を変えればできることも変わる。私には解決できないことも、あの人であれば簡単に解決できるかもしれない。これに物が加わり、これまでつながらなかった人と物とがネットワーク上で連結され、オーケストラのごとく組織化されることで新たな付加価値を持つことがＩｏＴによる効果の本質であり、組織全体のパフォーマンスを精緻・最適化する上で人工知能・ロボットが果たすべき役割も今後急速に高まるだろう。このネットワーク効果をさらにより積極的に活用するためには、歴史観、世界観、人生観・哲学、物の観方（ロボット工学の基礎ともなっている動力学を始めとする自然科学）などの教養を1人1人が広げ、高めていくことが従来同様、重要であることはいうまでもない。グーテンベルクの印刷術が「知の巨人の肩」に乗って新たな高みを目指すことを可能にしたように、ＩｏＴ、人工知能・ロボット技術もまた、われわれが「人工知能を搭載した超巨人ロボットの肩」に乗って新たな高みを目指すことを可能にしてくれるのである！

ここでＩｏＴ、人工知能・ロボット技術の進展によって、必ずしも人間の存在価値がなくなるわけではないことを指摘しておきたい。有名なドラえもんの歌にもあるように、『こんなこといいな、できたらいいな♪』と、まずはのび太くんが想像力たくましく多様な夢を衝動的に描くからこそ、ドラえもん（人工知能やロボット）が時空をつなげる不思議な4次元ポケットを介して不思議なモノ（道具）と夢とを結びつけることができ、その結果としてのび太くんはみずからの夢を叶えることができるのである。

人工知能・ロボットのみが存在する社会においては、多様な人々が持つ多様な夢が想像力たくましく描かれることは困難であろう。なぜなら夢を持つことがたとえ技術的には可能になるとしても、個人個人によって異なる多様な夢を描く衝動的な必然性が人工知能やロボットには存在しないからである。特に2025年の段階では人間の役割は大きく、ＩｏＴにより、人と人工知能・ロボットが相補的・協力的な関係を築くことが重要である。人工知能・ロボットは良質なデータが大量にある場合には人間を模倣したアルゴリズムを精緻・最適化することで人間を凌駕するパフォーマンスを可能にするが、2025年の段階においてはまだ万能とはいえない。

人工知能やロボットとつながることで、これまで人間のみではできなかった大規模のデータをより精緻・最適に扱うことが可能になる。ＩｏＴ、人工知能・ロボットを組織化し、人がオーケストラの指揮者となって、物事をより大規模かつ効率的に展開することができるようになり、人工知能やロボットが実際に社会に浸透し始めるのが２０２５年であると考えるべきであろう。人工知能やロボットと人間がネットワークでつながることで個人個人や社会全体のパフォーマンスが向上する、いわば「人と人工知能・ロボットが協奏する、オーケストラのような社会」を具現化するのである！

人工知能・ロボットは、データが少ない未知の複雑な環境下では人間よりもまだ脆弱である（精密機械は壊れやすい）。ある目標に向かって、データが十分に蓄積されていない状況においては、未知の環境に対する頑健（robust）性を有する多様なヒトが多様に活動することで、人工知能・ロボットを指揮・先導すべきだろう。例えば人間が獲得したノウハウやスキルをデジタルに再現する機能関数にして人工知能・ロボットに性能の向上を任せるというやり方は、有効な方法の1つだろう。

人工知能・ロボットが社会で本格的に活躍するための情報インフラ環境としてのＩｏＴ

人工知能・ロボットが社会で本格的に活躍するためには、ＩｏＴ網が至るところに行き届いたロボットの活動に適した情報インフラ環境の整備を推進することが２０２５年までに具現化すべき喫緊《きっきん》の課題である。しかしながらＩＴの世界では、日本からプラットホームと呼べるものはこれまで1つも出てこなかったのが現状である。

玉川 憲氏らはこのような状況を踏まえて日本発のグローバルＩｏＴプラットホーム創出を掲げるソラ

コム社を創業、２０１５年9月に国内でサービス開始後、米国・欧州でもサービスを開始し、１２０を超える国と地域で利用可能となっており、「世界中のヒトとモノをつなげ共鳴する社会へ」をビジョンに世界的規模でのＩｏＴプラットホームの構築・整備を主導している（２０１７年8月2日現在）。

人間でいうところの五感に相当し、周囲を取り巻く環境情報をセンシングするための環境の整備も、２０２５年をめどに具現化すべき喫緊の課題であり、日本メーカーの得意とするところである。右記の状況を踏まえた具体的な取り組みとして、村田製作所ではウェアラブルからファクトリーオートメーション、インフラ設備まで、各種制御機器やモニタリングシステムのスマート化・ＩｏＴ化への対応を加速している。

団塊の世代が全員75歳以上となる２０２５年に向けて、医療・ヘルスケア分野においてもこのようなセンサー群を駆使した環境の構築・整備は後述する医療のデジタル化（医デジ化）を推進する上で極めて重要である。自動車が活躍するために高速道路を中心とした道路網というインフラの整備の推進が重要であったよ

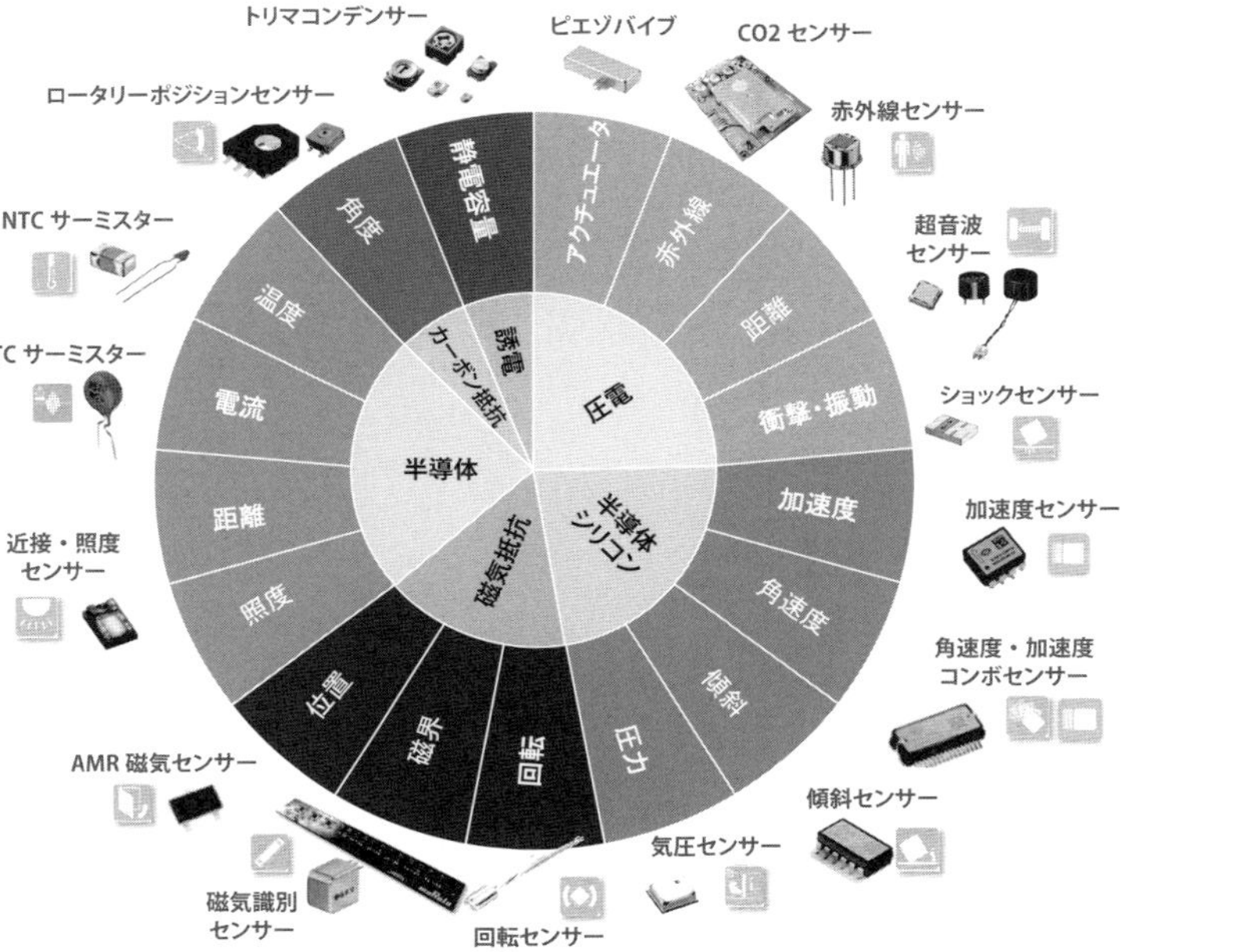

図３：IoT に活用可能なセンサー群
ムラタセンサ ラインナップ

うに、人工知能・ロボットが効率的に活躍するためにも、環境のモデル化や環境に埋め込まれたセンサー網（IoT）など、ロボットが活動しやすい情報インフラ環境の整備促進が極めて重要なのだ。

センサー情報を有効に活用するためには、インターネットに接続されたコンピューターが至るところに存在し、センサーやアクチュエーターと一体化して、自分の周りや環境に溶け込むように（アンビエントに）存在し、いつでもどこにいても人を支援できる状態になっているユビキタスコンピューティングの環境がインフラとして構築・整備されていることが望ましい。

物と物とが人工筋肉としてのアクチュエーターでつながれば、つながった一連のものを1つのロボットとみなすこともできよう。1つ1つの物は関節としての運動機能を持つようになり、この関節を自在に協調動作させることで、あたかもロボットアームのようにさまざまなタスクを実行することも可能であろう。

この際、ロボットが人間を含めた環境と安全・安心に接触動作しながらタスクを実行するためには、ヒトや環境、あるいはロボット自身を傷つけるような過度の力の発生を抑制しながらもタスクに要求される力を生じさせる必要がある。この要求に応えるものとして、人や環境に対してやわらかく接触動作する機能をロボットに持たせようというソフトロボティクスの概念がある。

医療ロボットの分野においてもこれは同様であり、人体に対して安全・安心に接触動作する技術が開発されている。これを実現するにあたってはロボットアームが動作する際の慣性抵抗（物体が有する加速度の生じにくさ）、粘性抵抗（プールの中やドアを閉めるときに感じる速度に対する抵抗）、剛性抵抗（物体の有するバネとしての硬さ）などを適切な値に調整して、人体に安全・安心に接触動作するインピーダンス制御という手法を基盤としている。

人間にとっての扱いやすさはアフォーダンスと呼ばれる。これは、人にとってのモノの扱いやすさという観点から一種の抵抗として捉えることもできる。適切にインピーダンス制御されたロボットは、人にとっての扱いやすさ（アフォーダンス）が向上する。

ロボットの「やわらかさ」の機能の実現はハードウエアとして実現することも可能であるが、コンピューターが発達した現在ではソフトウエア的に実現することも容易になりつつある。具体的には例えば自動運転において、前の車と適切な車間距離をとりながら走行する一連の車列は、車と車の間がソフトウエア的なバネでつながれることによって適切な柔軟性を実現している、いわば「多関節の蛇型ロボット」と捉えることもできよう。この蛇型ロボットを制御するには、ロボットの運動を洗練させるための人工知能が重要な役割を果たす。

ロボット工学者の佐藤知正教授、森武俊教授らは、部屋全体ロボットという、ロボティックルームの概念を提案しているが、すべての人、モノがつながった社会（地球!?）全体はそれ自体があたかも1つのロボットであるかのように捉えることが可能である。すべての人とモノとは、あたかも万有引力のような強い引力によって引き合い、現在もつながり続けているのである。

病院間がネットワークでつながれば、そこでやりとりされる医療情報も膨大なものとなる。日本心臓血管外科手術データベース（JCVSD）の成人部門には全国578施設が参加し、登録データはすでに50万件を超えてさらに増加し続けている（2017年8月現在）。同データベースの構築にその立ち上げから関わり、日本におけるサイトビジット法を確立した月原弘之先生は、サイトビジットによりデータベースの質を底上げすることができれば、これを基盤に展開される人工知能のパフォーマンス向上につながり、その結果として医療の質の向上に資するものと期待している。

一方で、すべての人とモノがつながった社会は危うさをも内包する。前記のロボット3原則はロボットのみならず、ネットワークにつながるあらゆるモノにも同様に適用されるべきものであるが、モノが人工知能と融合・連結して、自律性や汎用性を備えるようになると、これに応じて何らかの悪意を持ったモノがネットワークに参加して人間を含めた周囲の環境を攻撃・破壊するリスクが増大することにも配慮していく必要があるだろう。

電気通信大学の小木曽公尚准教授は、ロボットの制御・演算部への不正アクセスにより、制御器内部の情報が外部から監視できるようになると、制御系の運転情報の盗窃や破壊といったサイバー攻撃が可能になる危険性を指摘する。これを踏まえて、小木曽らは制御器内部の演算や信号を暗号化し、暗号のまま演算しようという暗号化制御の手法を開発・提案している。

また、ビットコインなどの金融取引で活用されているブロックチェーンの技術は、複数の取引データをブロック化して、これを鎖（チェーン）状につなげ、複数のコンピュータ間でデータを共有・分散管理することでデータの改ざんや障害に強いシステムを低コストで実現しようとするものである。

人間の日常行動だけでも、センサー情報が蓄積されると、人はもちろん、通常のコンピューターにとっても扱うことが困難なほど大量（ビッグデータ）となる。このような大量の情報であっても、うまく画像の形に落とし込んでこれを可視化することができれば、アフォーダンスの高い、極めて扱いやすいものとなり、その本質的な一連のつながりを要約して提示することで人間が利用することも可能になるだろう。ビッグデータの扱いにおけるアフォーダンスを向上するためには、人間にとって分かりやすいシンプルな関数を要素として用いて、その組み合わせにより直観的に理解できるインターフェースを実現する必要があるだろう。他方コンピューターにとっては、モデルやアルゴリズムは複雑であってもよい。見えるところは人間による解析に適したシンプルな関数をもとに構成し、人間には見えないところでコンピューターが人工知能技術を駆使して、誤差を埋めるように複雑な解析を行い、性能を向上することを担当するのである。このような取り組みはすでに開始されている。

人間が指示することなしに、必要な場所で必要なときに必要な支援を提供するためには、時系列に蓄積されたセンサーデータから、意味のある情報を抽出する時系列データマイニングが重要になる。この時系列データマイニングにおいても人工知能の役割は極めて大きい。

人工知能とIoTの関係、技能のデジタル化――世界観までも含めたスキルやノウハウのデジタル化

2025年には人間の鏡像としてのロボットが、人間が有するスキルやノウハウをその世界観までを含めて再現することが本格化し始めるだろう。最初に来るのはロボットビジョン技術を用いた世界観のデジタルな再現とその共有である。具体的には、一部の専門家や職人の間で閉じられているプロの世界観をデジタルに再現し、これを一般に開放することが可能になる。結果として、同じ分野の専門家同士のみならず、異分野の専門家同士、専門家と一般の人、専門家とロボットの間で世界観を容易に共有できるようになる。

次に職人（専門家）の作業理解と人間の鏡像としてのロボットによる再現になる。つまり、技能がコピー可能になる時代が来るのである。技能のコピーを実現する手段として、次の2つの技術が重要である。1つはセンシング技術である。人間の熟練した技能を、光学あるいは慣性センサーを基盤とするモーションキャプチャ技術により、センサーデータとして取り込む。もう1つは、センサーで時系列に取得されたデータのなかから意味のある軌道情報を抽出する技術である。これをモーション・プリミティブと呼ぶが、このモーション・プリミティブを人間にとって理解可能な基礎的な関数に分解し、ロボットの機構・制御・画像処理アルゴリズム上に実装する。

その効果として、専門家にとっては人間の技能のデジタル標準化、すなわち、技能の蓄積・改良・再利用がシステム上のデジタル機能関数として可能になる。非専門家にとっては、デジタル化された人工技能を、どこにいても安全・安心に利用できるようになる。ここで、専門家（職人）による技能の質を向上する問題は、システム上に実装したデジタル機能関数を精緻・最適化する問題に帰着していることに着目されたい。この精緻・最適化問題に人工知能技術を投入するのである。

このための技能デジタル化技術のコアは、機構、制御、画像処理アルゴリズム技術の3つに大別される。機構においては、人間にとって直観的に扱いやすいことが何よりも重要である。なぜなら、最初に人間の技能をまねるためにも、人間の体に相当するものをロボットが有していることが極めて有利だからである。これを踏まえると、鉄腕アトムのようなヒト型ロボットは合理的であり、人間の鏡像になっているため、その動作が直観的に理解しやすい（アフォーダンスが高い）という特徴を有する。

アフォーダンスを高めることは何も機構に限った話ではない。人と接触する場面においては制御においても、人が人に接するように安全・安心に人と接触動作することを最優先としたい。

人間とのインターフェース部分全般にわたって、アフォーダンス

図4：人の鏡像としてのロボット

を高めてシステムやロボットをより扱いやすいものにすることが、一般に広く普及する上でシステム側に強く求められており、今後ますますその傾向は強まるであろう。

ＩＴ技術の中でもとりわけロボット技術はアフォーダンスを高める上で極めて有効であり、その中核的な技術になり得る。なぜならロボットはその形態や機能が人間や動物の鏡像として直観的にイメージしやすいからである。また、日本独特の背景として、鉄腕アトム、ガンダム、ドラえもんなど、ＳＦやロボットアニメの影響が挙げられる。このため、日本において人工知能・ロボットといえば、人間やペット動物の鏡像としての人工知能・ロボットを想起する人が多いようだ。

日本においてロボットを普及させる上で、右記を踏まえてＳＦやロボットアニメと同様、人工知能・ロボットと共生する近未来を想像するときの人々のワクワク感やときめきをうまく刺激することも重要であろう。

ここでアフォーダンスを高めるために、直観化がなぜ必要であるか？について考えてみよう。ヒトは泥臭くシンプルかつプリミティブなものから発想を得ることが多い。一方で、これをなるべくエレガントな形にラッピング（整形）してから伝えたがる傾向にある。しかしながら、エレガントにラッピング（整形）される過程で、当初の目的や概念が埋没、覆い隠され、発想の原点がダイレクトに伝わりにくくなる傾向がある。つまり、エレガントに整形することによってアフォーダンスは低下してしまう危険性があるのだ。

この事実を踏まえてアフォーダンスを高めるためにわれわれがまず行うべきことは、「目的（どうして、何のために（ｗｈｙ？）このようなものを作ろうと思ったのか）、作ったものがどのようなものか（概念）が泥臭くてもよいからダイレクト（一目瞭然）に伝わるように発想の原点に立ち戻ったプリミティブでシンプルな形や動作を追求する」ことである。なるべく人にとって直観的に扱いやすい、シンプルな構造を基盤としてこれを組み合わせることでシステムを構築することが重要である。次に、このような機構に基づいて、どのように性能を向上していけばよいかを考えればよい。人工知能はこのための有力なツールになる。

ここで、性能の向上のためには専門家（職人）の技能を単に模倣するだけでは不十分である。必要ならば専門家（職人）の技能に啓発されたまったく新しいアプローチから機能を追加・実装することによって技能の質の向上を図るべきである。人間は洗濯板を用いるが、機械に行わせる場合には、必ずしも洗濯板を用いる必要はなく、衣類の汚れさえ落ちればそれでよいのである（洗濯板の例は医用生体工学者の土肥健純先生がよく引用される）。

ＩoＴの取り組みの現状、２０２５年に向けた展開 ――人工知能、ＩoＴはどのように社会に浸透していくのか――

まず、自動走行、ドローンを活用したサービスについては、建設機械におけるコマツ社の取り組みが先行している。ドローンを使って実測した3次元データを用いて、建機を自動制御し、土木工事の省力化と工期短縮を実現するスマート・コントラクション・サービスをすでに提供している。

コマツでは他にも、自社工場のみならずサプライヤーまで無線でネットワーク化して、稼働状況をリアルタイムに逐一報告する体制を整備している。また、世界中の建設機械を遠隔監視して、生産性向上を助言、部品交換時期を通知するサービスも実現している。

建設現場では、省力化のみならず、遠隔操作でいかに現場の作業を無人化できるか？が今後の重要なテーマであり、２０２５年の段階においてはさらにこの流れが加速しているであろう。なぜなら、一般に建設現場に人が1人でも入ると、その人の人命や安全・安心を考慮する必要が生じるからである。また、建設業界においては慢性的な人手不足があり、2025年以降もこの流れは加速するため、熟練した職人の技能をいかにシステムの機構・制御・アルゴリズム上に実装していくかも重要なテーマになるだろう。

余談だが、昭和時代に「ちいさなものから、おおきなものまで動かす(能)力(チカラ)だ!ヤンマーディーゼル～♪」という印象的なコマーシャルがあった。この「動かす（能）力（チカラ）」こそが（力の）モーメントの正体《しょうたい》であり、ロボットを動かす上でも基盤となる動力学《どうりきがく》という学問の起点である。

つまり、対象物体を動かす（変位・変形・回転させる）能力という観点から力の作用を捉え直そうとするのが、モーメントの考え方（概念）であり、一言でいえば「てこの作用」のことである。

力は運動量に変化をもたらし、力のモーメント（トルク）は角運動量に変化をもたらすことで、対象物体を変位・回転させる。また、運動量のモーメントは角運動量になる。

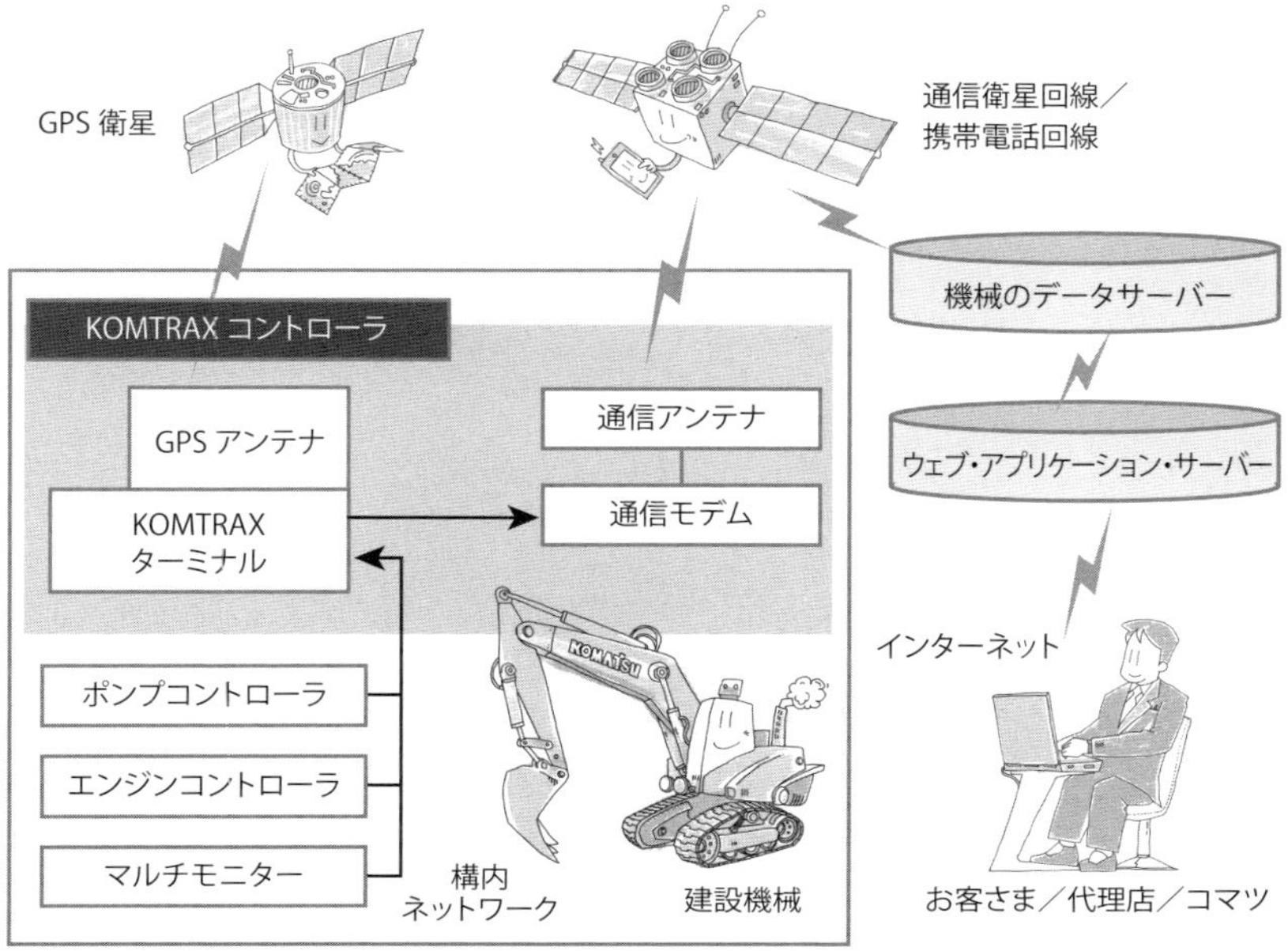

図5：建設機械に見るIoT化
http://monoist.atmarkit.co.jp/mn/articles/1612/02/news017.html

モーメントには他にも棒や板を曲げて変形させるとき、棒や板に加えるべき力について、その作用を棒や板を曲げて変形させる能力という観点から捉え直した「曲げモーメント」という概念がある。「モーメント」という言葉の語源は、「今、この瞬間ちょっと動いたぞ！」という、ある種の感動を伴ったラテン語に由来するそうだ。

これを踏まえて古代の人々がピラミッドを作り上げるにあたって、重い石や木材をてこの原理で一生懸命動かそうと（てこ入れ）している情景に思いをはせてみよう。

それまでうんともすんとも動かなかった石や木材が何とか少しだけ動いたのを見て、「今、この瞬間、おいっ、ちょっと動いたぞ（モーメント）！」と歓声を上げている、そんなある種の感動を伴った情景がこの「モーメント！」というラテン語から想起できはしないだろうか。

われわれがクフ王の大ピラミッドを見るとき、その大きさによってのみ感動するわけではない！　現在の最先端の建設機械を使えば、ピラミッドはもっと容易に、さらに大きなものを作ることもできよう。

われわれがピラミッドを見るときに大きく心を動かされる最大の理由は、４５００年前に積み上げられたあの石の１つ１つに「今、この瞬間ちょっと動いたぞ！（モーメント！）」という偉大な感動体

図６：ピラミッド

験がぎっしり詰まっていることに対して、はるか時空を超えて思いをはせることができるからであろう。大いなるロマンがそこにはあるのだ！　われわれがロボットの動きに対して感じる魅力もまた同様であろう。

さて、農業機械においては、クボタ社、ヤンマー社らがＧＰＳと農地データを組み合わせて、農地を効率的に耕し、肥料や農薬の散布まで行う自動運転トラクターや、ドローンを利用した土壌状況・作業状況のＩｏＴ管理サービスを開発している。農業においても、２０２５年以降、人手不足は深刻な課題であり、人間の負荷を減らし、その分人工知能・ロボット技術を展開することが必須になるだろう。

自動運転においては、フォルクスワーゲン（ＶＷ）グループがいち早く、「システムがすべての運転タスクを実施、作動継続が困難な場合の運転者は、システムの介入要求などに対して、適切に応答することが期待される」というレベル３での高度な自動運転機能を、市販モデルとしては世界で初めて搭載した。レベル３では、運転主体が人間からシステムに移行する。これは人間主体の従来型の自動運転システムとは一線を画する。自動車の自動運転は、誤動作が人命に直結するため、建設機械や農業機械に比べて法整備が複雑であるが、技術は着実に進んでいる。トヨタもホンダも日産もこの流れには逆らえない。

ヒト型のロボットは現在のところ、銀行や百貨店など、接客用途で積極的に導入されている。三菱ＵＦＪフィナンシャル・グループはソフトバンク社が買収した仏アルデバラン社の人型ロボット「ナオ」を国内店舗に導入、19か国語で口座開設を案内する。みずほ銀行ではソフトバンクの感情認識パーソナルロボット「ペッパー」を店頭に導入している。

介護分野においては筑波大学発ベンチャーのサイバーダイン社（２０１４年3月に東証マザーズ上場）が開発したロボットスーツＨＡＬは、中高齢者の体力の衰えを補完する、近未来の実用化が期待される技術といえよう。同様に国立大学法人電気通信大学の横井浩史教授が開発する筋電義手は、身体障害者の四肢の運動機能を再建することができる。友人が脚を切断したことがきっかけで、義足エンジニアとしての道を歩み始めた遠藤謙氏は、近未来の現実的な目標として、２０２０年の東京オリンピック・パラリンピックの陸上１００ｍにおいて、義足のランナーが健常者の金メダリストの記録を抜くことを掲げている。

医療・バイオ分野においては、人を対象とすることから医薬品医療機器等法（薬機法）の承認が技術を製品に結びつける上での大きな関門になっている。遠隔での手術ロボットを世界で初めて構想・開発したのは医療ロボット工学のパイオニアである光石 衛教授である。ロボットによる遠隔の超音波臨床診断については、光石、小泉らが10km離れた病院間で実際の透析肩の患者に対して適用したのが世界初である。商用化されたものとしては、インテュイティブ・サージカル社が開発したDa Vinciが有名であり、前立腺がんの手術を中心に適用されている。

国内のメーカーでは、粘膜内にとどまった早期大腸がんの手術向けにオリンパス社が消化器内視鏡治療ロボットを製品化している。これは2本の多関節処置具と内視鏡を組み合わせた手術ロボットで、モニター画面を見ながら操作台で処置具を遠隔操作する。バイオ実験分野においては、汎用のロボットアームを用いて熟練したバイオ研究者の実験プロトコルをデジタル化しようという、井原茂男教授（数学者）、和田洋一郎教授（医学者）らの異分野融合の研究プロジェクト（ｉＢＭａｔｈ）やロボティック・バイオロジー・インスティテュート社の「まほ

図７：着型ロボットスーツHAL
https://roboto-fun.com/news/963/

ろプロジェクト」がある。

これまで長い間、学術分野としては位相的に極めて遠いところ（対極）にあると位置付けられてきた医学・薬学・生物学と数理、情報、ＩｏＴ、人工知能・ロボット技術など、さまざまな理工学技術とは実は極めて位相的に近いところにあるものとして今日認識されつつある。その中核（ド真ん中）に位置付けられるのがＩＴ、とりわけＩｏＴ、人工知能・ロボット技術である（ロボット工学者の金出武雄先生によれば、「ロボット技術⊃IT技術」）。

医療・バイオとＩＴ技術（中でもＩｏＴ、人工知能・ロボット技術）の交差点に立って化学反応を起こしながらバチバチと化学融合反応することで、質の高い革新的な医療システムを効率よく生み出すことが可能になり、いわば「医工融合ルネサンスの勃興」が図れるのではないかと期待されている（われわれは、これを医療とＩＴの融合にかけて、Ｍｅ－ＤｉｇＩＴ（メディジット）効果と呼んでいる）。

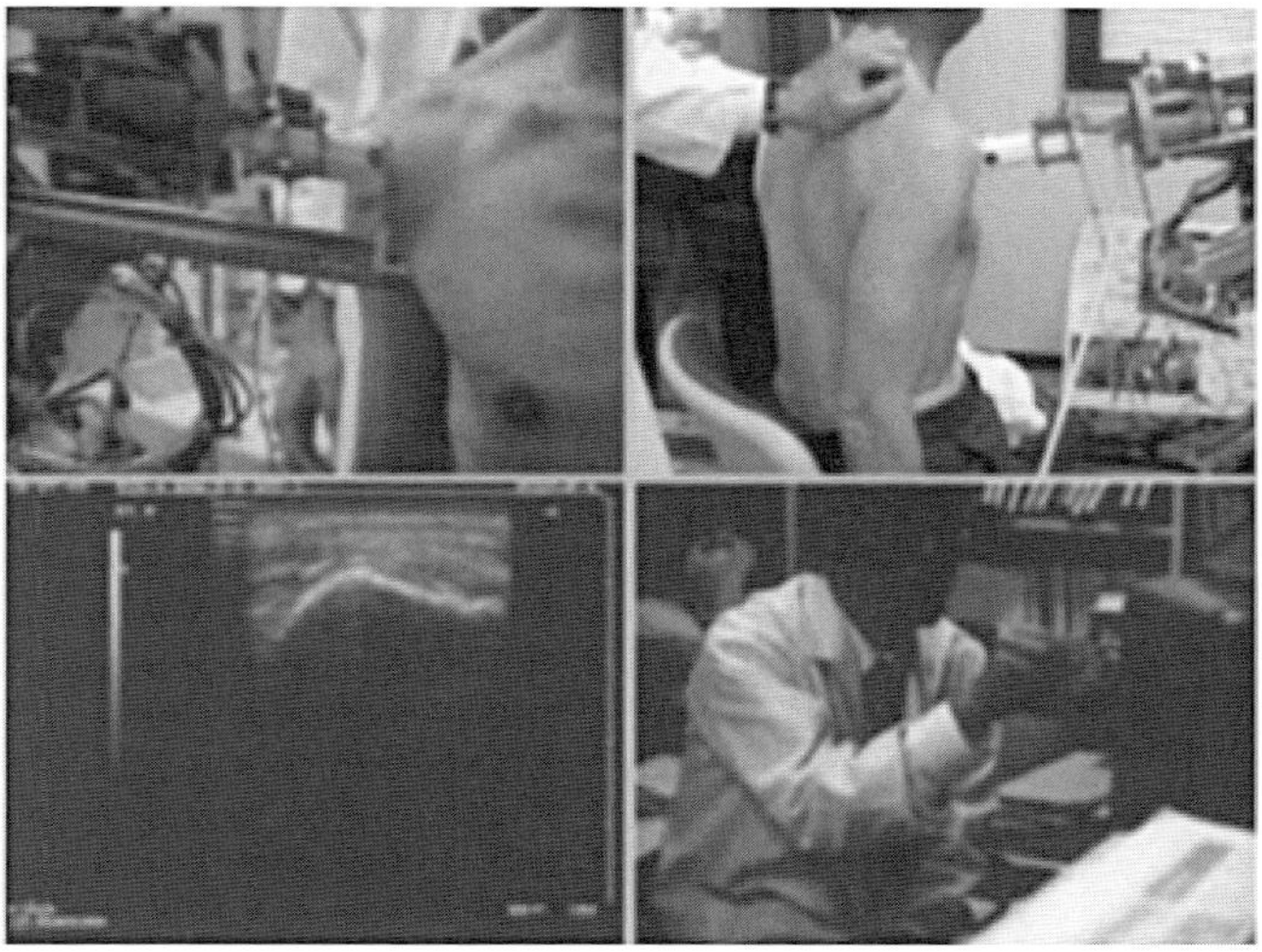

図８：医療ロボット

ビル・ゲイツは「もしいま自分が学生ならバイオを学ぶ」といい、ＭＩＴメディアラボの初代所長のニコラス・ネグロポンテは「バイオ イズ ニュー デジタル．」と、バイオとＩＴ技術の融合により生物学が再構築され、「デジタルバイオロジー」ともいうべきまったく新しいデジタル生物学の世界が今後急速に開かれ、発展することを極めて明快なフレーズで予測・表現している。

このように医療・バイオとＩＴ技術の交差点には極めて大きな可能性が秘められているのではないかという期待は日々急速に高まり、膨らみ続けている。医療機器の世界市場は２０１３年の約40兆円から２０１８年には約56兆円に達するものと見込まれている。単純計算で（日本人の３人に１人が高齢者、５人に１人が後期高齢者となる。人口動態は未来を予測する上でも、最も確実な基盤データといえる）２０２５年ごろには１００兆円を突破する巨大市場に成長する見込みで（現在の医薬品の世界市場規模が１００兆円程度）、われわれは日々成長するこの魅力的なパイの争奪戦を今後20～30年以上かけて繰り広げることになるのであり、その流れはもはや止められない。

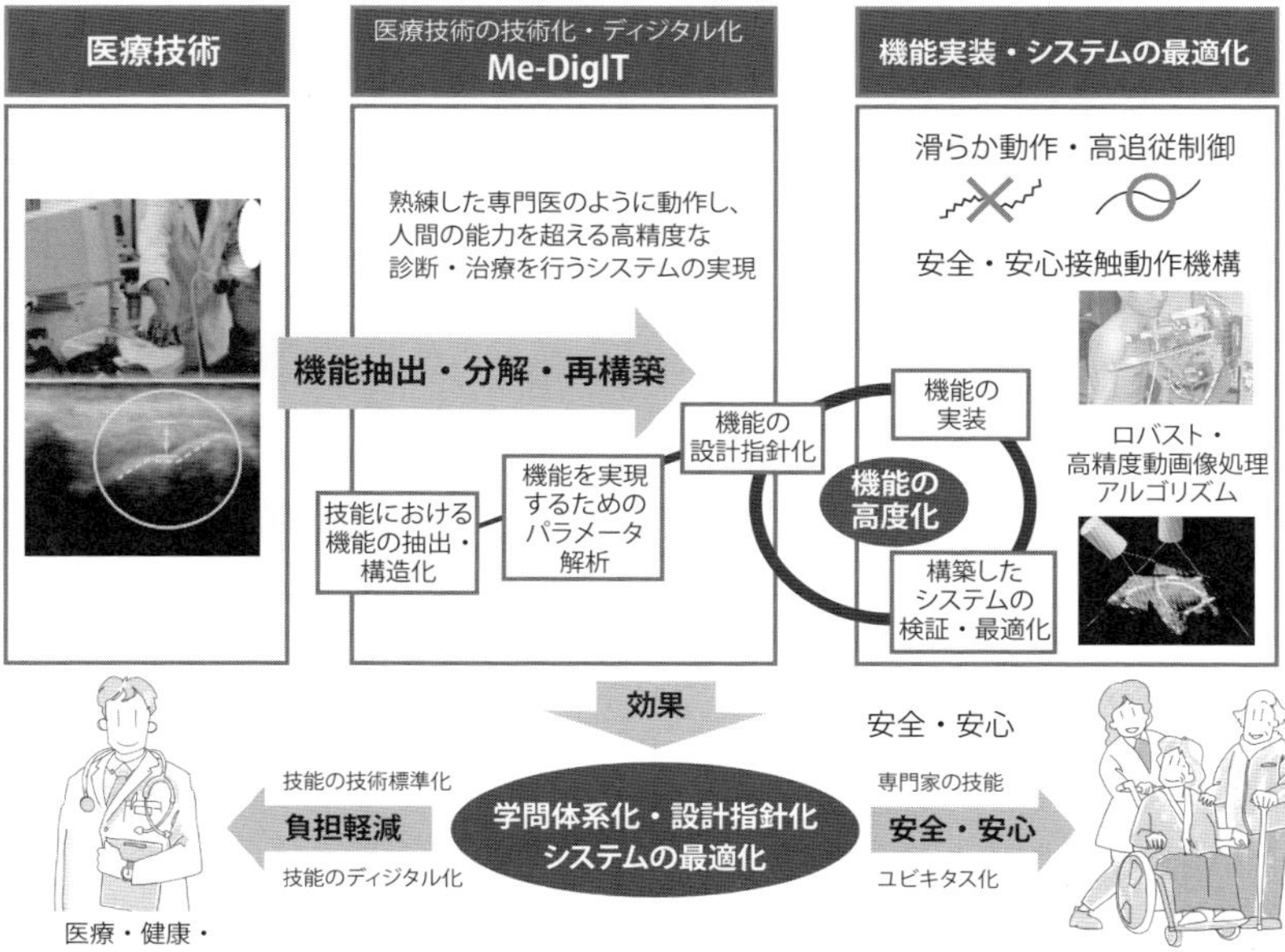

図９：医療のデジタル化

ここで、われわれが提案する医療技能の技術化・デジタル化（医デジ化、Ｍｅ－ＤｉｇＩＴ）とは、医療診断・治療における技能を機能として抽出、分解・再構築（構造化）し、これを定量的に解析して、さらにデジタル・機能関数としてシステムの機構・制御・画像処理・アルゴリズム上に実装、システム上で人工知能技術を用いて医療の質の向上（機能向上・精緻最適化）を図ろうとするものである。

医デジ化の効果としては、医療技能をデジタル・機能関数としてシステム側に取り込む方法の学問体系化・設計指針化・医療支援システムの機能向上・最適化が促進される。いったんデジタル・機能関数としてシステム側に取り込むことができれば、医療専門家は自らの（あるいは他者の）医療技能を解析・評価するとともに人工知能技術を用いて時間軸・空間軸上でカスタマイズして自在に操ることさえできるのである。

これにより、医療専門家にとっては医療技能の標準化による負担軽減が可能になる。具体的には、自らの医療診断・治療技能の蓄積・改良・再利用がシステム上のデジタル・機能関数として可能になり、一方で患者にとっては標準化された質の高い思いやりの医療をどこにいても安全・安心に享受することができるようになる。

ＩｏＴ、人工知能・ロボット技術による少子高齢化時代の成長戦略

２０２５年には団塊の世代が全員75歳以上になり、２０４０年代に国内の75歳以上の後期高齢者の数はピークに達する。これに加えて少子化の流れも止まらない。つまり、少子高齢化社会は確実に到来する未来の日本の姿である。一方で、近年のＩｏＴ、人工知能・ロボット技術の顕著な発達には、目をみはるものがあり、今まさに時代が大きく移り変わろうとしている(Society 5.0(注1)、第４次産業革命(注2))。

(注1)「Society 5.0」とは、ICT（Information and Communication Technology）を最大限に活用し、サイバー空間とフィジカル空間（現実世界）とを融合させた取り組みにより、人々に豊かさをもたらす「超スマート社会」の未来社会の姿のことであり、日本の成長戦略として「Society 5.0」を強力に推進し、世界に先駆けて超スマート社会を実現しようとするものである。政府の総合科学技術・イノベーション会議において検討され、２０１６年１月に閣議決定された２０１６年度から５年間の科学技術政策の基本指針「第５期科学技術基本計画」の中で最初に用いられた。

このことを踏まえて中長期の日本の課題を抽出するとともに、ＩｏＴ、人工知能・ロボット技術の今後の進展を予測しながら、将来の日本のあるべき姿としての最終目的地を中長期的な視野から策定、これをバックキャストして各年度のマイルストーンを作成、日本の成長戦略ロードマップを構築し、それを精力的に実施・展開していくことが、内閣官房日本経済再生総合事務局による日本の成長戦略（「未来投資戦略２０１７――Society 5.0――」）策定において現在求められていることであり、必定《ひつじょう》のプロセスとなりつつある。

少子高齢化社会において日本は世界に先駆けて少子高齢化社会を経験するという観点からは課題先進国であり、日本に追随して少子高齢化が進展するフォロワーとしての国や地域も存在する。すなわち現在および近未来の日本の課題は、将来の世界の課題である。このため、ＩｏＴ、人工知能・ロボット技術による有効な課題解決策を世界に先駆けて提案できれば、これを全世界的規模で展開することも可能になる。

ネットワークが全世界的規模で至るところでつながるＩｏＴ社会においては、これを介してデータやこれに基づいた人・人工知能・ロボットによるサービスが時間・空間・人―物間の壁を容易に突破する。結果として、地域的な課題解決策において国境を越え、全世界的規模で展開することが、従来とは比較にならないほど容易な社会が到来し、今後この流れはますます加速することになる。

特許などでは属地《ぞくち》主義を採用している。すなわち特許権はその国の領土に属するという考え方である。ＩｏＴですべてのデータや関数、人・人工知能・ロボットが連結され、地球的規模であたかも１つのロボットのように機能する社会において、特許制度に限らず、税制度を始め、あらゆる法制度において属地主義がどこまで効力を維持できるだろうか？　今後国家間での調整や対応が求められる重要な将来課題の１つである。

（注２）「第４次産業革命」とは、18世紀末以降の水力や蒸気機関による工場の機械化である第1次産業革命、20世紀初頭の分業に基づく電力を用いた大量生産である第2次産業革命、１９７０年代初頭からの電子工学や情報技術を用いた一層のオートメーション化である第3次産業革命に続く、4番目の産業革命である。具体的にはIoT、人工知能・ロボット技術をさまざまな分野に展開することで、個々にカスタマイズされた生産・サービスの提供、有限の資源・資産の効率的な活用、従来人間によって行われていた労働の補助・代替などを可能にしようとするものである。

ＩｏＴネットワーク上でヒト・人工知能・ロボットが協働することで提供されるサービスについては、いつ、誰が、どこの国に納税するべきであろうか？　すべてのヒト・モノが国境を超えてつながる社会では、国境による切り分けは極めて困難になる。これに関連して、マイクロソフト創業者のビル・ゲイツはロボットがヒトと同じ量の仕事をするようになれば、ヒトと同じレベルでロボットに課税すればよいと主張する。今後、一定の条件をクリアしたロボットについては、ある種の法人として納税義務を課すべき存在、いわば「電子人間」としてその存在を位置付けようという考え方である。

ネット上で大きな話題となった経産省の若手官僚たちによる文書「不安な個人、立ちすくむ国家～モデル無き時代をどう前向きに生き抜くか～」においては、近未来の日本が経験する少子高齢化社会を生き抜くためのヒントが随所に提示されている。一例を挙げれば、少子高齢化は高齢者を一律に単なる弱者と決めつけて現役世代が支えるという観点に立てば、確かにピンチである。しかしながら、医学の発達により平均および健康寿命が延びつつあり、今後もこの傾向は加速する中で高齢者を一律に単なる弱者と呼ぶ

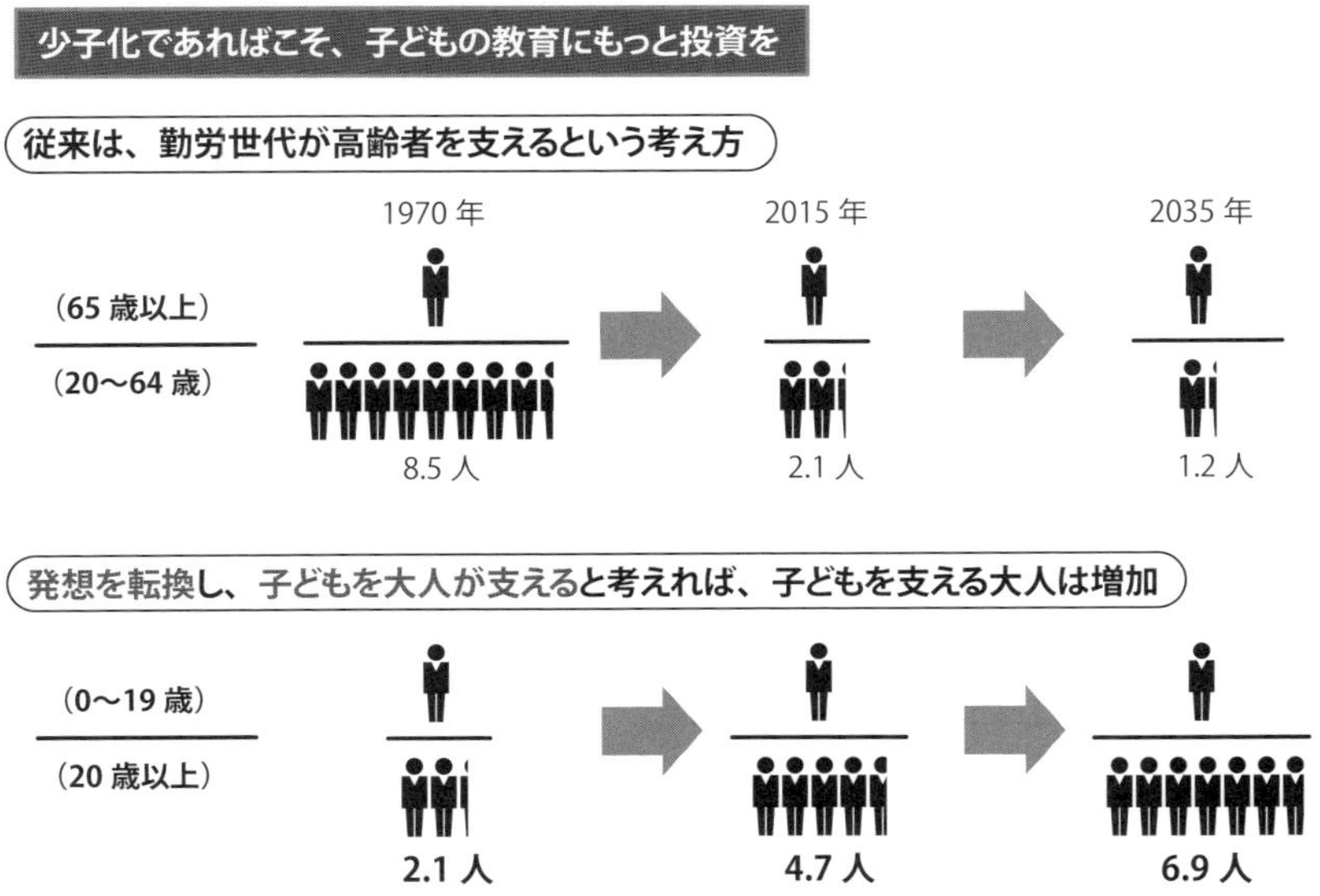
少子化であればこそ、子どもの教育にもっと投資を
従来は、勤労世代が高齢者を支えるという考え方
1970 年
2015 年
2035 年
(65 歳以上)
(20～64 歳)
8.5 人
2.1 人
1.2 人
発想を転換し、子どもを大人が支えると考えれば、子どもを支える大人は増加
(0～19 歳)
(20 歳以上)
2.1 人
4.7 人
6.9 人

図 10：少子高齢化を逆手にとる
http://www.meti.go.jp/committee/summary/eic0009/pdf/020_02_00.pdf

ことには抵抗があるのではないだろうか。

　ＩｏＴ、人工知能・ロボット技術の発達により、体力や記憶力といった年齢による能力の衰えがうまく補完できる社会が実現すれば、これに伴い経験、人脈、財力が豊富な中高齢者はむしろ社会的には強者になっていくだろう。このような社会では中高齢者は単に支えられる側だけでなく、支える側にも回ることができるのだ。子どもを大人が支えるという観点に立てば、1人あたりの子どもを支える大人の数は今後相対的に増加していく。大胆な教育法の転換・充実を図る上では絶好のチャンスになり得るのである。

　今後ＩｏＴ、人工知能・ロボット技術が発達して、ヒトとロボットが融合し、その境界が曖昧になる将来においては、生死の境も曖昧になるかもしれない。中高齢者は死ぬ間際まで働くことが可能になるだろうし、もしかしたら死んでも子どもや孫を支えるために働く時代になるかもしれない。中長期的には死んだことすらも他者から明確に意識されることもなくなり、人工知能を搭載し、人工の手足を持つ不老不死となったサイボーグとして生前と同様のパフォーマンスで働いて遠い子孫の代まで税金を納めている時代も、究極的にはあり得るかもしれない。

▼IoT、人工知能・ロボットを十二分に活用するための思考展開法

どんな研究開発対象であっても、深掘り研究すれば、全体を貫くモノの観方（世界観）や考え方（概念やコンセプト）に通じていく。

「視野連結拡大型の大局的な世界観」を持ち、（動揺のない）明鏡止水《めいきょうしすい》の心をもって、プロセスと結果を照らし合わせながら、ＷｈｙやＨｏｗ（５Ｗ１Ｈ）を納得できる形になるまで、あきらめずにとことん突き詰め、深堀りして粘り強く考え抜く！　このことによってできる限り本質（真髄・奥義・エッセンス）に迫らんとする。この姿勢こそが、研究開発者がまず第一に持っておくべき矜持《きょうじ》と心得るべきであろう。

なぜ（Ｗｈｙ）、そのように（Ｈｏｗ）発想して功を奏して問題解決に至ったのか？　原理・原則・定義・機能・特性・メカニズムとして全体を貫くモノの観方（世界観）や考え方（概念やコンセプト）（これこそが出来事や物事における問題の本質をなすもので、他の問題に対しても応用が利き、横串としてグサグサ突き刺さる、真に学ぶに値するべきものであろう）は何なのか？　をとことん突き詰め、深堀りして粘り強く考え抜くことこそが最重要である。

縦のつながりのみならず、横のつながりを構築・強化する（横串を入れる）ことが重要（横串法）。

別の見方をすると、どんな研究開発対象であっても、深掘りして粘り強く研究開発していられさえすれば、全体を貫くモノの見方（世界観）や考え方（概念やコンセプト）に通じていくことができるのだ！　ときには固い岩盤に突き当たって縦に進めなくなり、横展開して回り込むことを検討することも必要となろう。他方で地表から新たに掘り始める回数はできるだけ最小限に抑えたい。なぜなら人1人に与

えられた時間には、残念ながら今のところリミットがあるからだ（前述のサイボーグが実現すれば話は別であるが）。

そしてこの、全体を貫くモノの観方や考え方（世界観）によく通じていることこそがプロジェクトを先導・けん引する立場にある研究開発者に期待されていることであり、研究開発プロジェクトのリーダー（あるいはマネジャー）が新しいプロジェクトを立ち上げる上で求められる必須の要件であり、博士号が「博士（○○学）」と呼ばれるゆえんであろう（○○はどんな研究開発対象であってもよく、専門分野を極めんとすることが、博《ひろ》く識《し》ることにつながるのだ！）。

今、顕在化して目に映っている出来事や物事を、時間的・空間的・人《じん》―物間《ぶっかん》的にまたがって存在する、ある全体の一部分として大局的に捉え得る視野連結拡大型の世界観を持つことが、問題を解決に導いたり、物事を好転させたりする上で極めて重要である。結果は水面上に現れた氷山の一角に過ぎず、水面下にあるもの（プロセス）を含めた全体を補間してつなげてみなければ、出来事や物事の本質を見誤る。

ロボットの先端効果器のみをただ漠然と眺めているだけではだめで、全体を補間してつなげてみなければ、ロボットの運動の本質は理解できまい。ヒトの運動を理解する場合も同様であろう。迷ったら、いつでも、どこでも、何度でも、最もプリミティブな起点となる原理・原則・定義・機能・特性・メカニズムにまで立ち返って行動、構成／構築論的に発想し直すことが問題解決の近道である（急がば回れ）。

提案するコンセプトを説明するときも同様であろう。内閣府において成長戦略２０１７の実務をとりまとめた桑原智隆企画官は、ヒトとＩｏＴ、人工知能・ロボットとが共生する社会のあるべき明確な将来ビジョンとしての最終目的を設定し、最終目的からバックキャストして時間軸で切られた中間目標を設定することの戦略的重要性を説く。

なぜ（Ｗｈｙ）、そのように（Ｈｏｗ）に発想したのか？　どのようなプロセスをたどれば成功に至り

Column

5W1H による思考展開

思考展開の基盤（本質）は、社会がたとえどれだけ進化したとしても、未来永劫これまでと同様に 5W1H とともにあるだろう。

Why? How?（世界観）
When?（時間）Where?（空間）
Who? What?（人 - 物間）

今後、IoT、人工知能・ロボット技術の進展に伴い、Who（人）と What（物）の境界についてはどんどん曖昧化していくことだろう。なぜなら IoT により、今後ますます人間とモノとは引力でもって連結・融合していくからだ。

Column

伝えるということ

伝えるということはとても難しいことである。よく伝わる演技をするための下準備として、役者は、与えられたセリフや動作の入出力応答に対して整合性が合うように、演じる対象のバックグラウンドやプロファイルを想像して作り込み、セリフの一言一言に対して頭の中で具体的な情景を思い浮かべてイメージしながら言葉を発する訓練をするという。

プレゼンテーションの説得力を高める上でも、このような伝わる演技のための訓練は大いに効果的といえるだろう。上記の入出力応答は整合性（つじつま）さえあっていればよく、途中の経路は問われないので、役者の個性によって変化し得る。この経路をいかに発想するかが役者の腕の見せ所といえるだろう。

得るのか？　普遍的な原理・原則・定義・機能・特性・メカニズムを背景や根本（根拠）に据えて、これを踏まえた上でコンセプトの具体的かつ最終的な社会のあるべき姿のイメージを簡潔かつ明瞭な形で視覚化、誰が見ても一目瞭然の、より分かりやすい直観的な形で見せる（アフォーダンスを高める）。

世界観（目と手と脳に宿るモデル、型、枠）をうまく共有することができれば、周囲からの納得、理解、支援も得られやすいであろう。百聞は一見に如《し》かず（Seeing is believing）である。コンセプトの核をなし得る機能（関数）のつながり（フレームの構造）、アルゴリズムの流れ（フロー）などをビジュアル化して、専門用語を極力使わずに、直観的に分かりやすい形で見せるのだ。

これだけはどんなことがあってもやらずにはおれないと思えるほどほれ込める研究開発対象を見いだして、最終目的を定める。最終目的地が定まれば、そこに至るロードマップをバックキャストして策定することができ、おのずと自分自身の研究開発人生の軸ができ、これに応じて自分自身の価値・評価基準も一意に定まる。次にこれに打ち込み、なおかつ、それが周囲から受ける(支持してもらえる)という(理想的な）流れを作るための戦略を立てる。この流れをうまく作れるかどうかがプロジェクトに対する求心力を高める上で重要であり、研究開発プロジェクトリーダー（あるいはマネジャー）の腕の見せ所であろう。また、個人個人の成長戦略を強力にバックアップしてくれるものとしても、ＩｏＴ、人工知能・ロボット技術は近未来に必須の教養的基盤になるだろう。

今、目の前に映っている像（ニーズ、シーズ、などなど）を時間軸・空間軸・人—物間（じんぶつかん）軸にまたがる、ある全体を構成する一断面（断片）として大局的に捉え得る視野連結拡大型の世界観が、ＩｏＴでつながる社会を生き抜く上で今後ますます重要になる。

●参考文献

1　フランス・ヨハンソン『アイデアは交差点から生まれる　イノベーションを量産する「メディチ・エフェクト」の起こし方』、ＣＣＣメディアハウス、２０１４．
2　伊藤穰一『角川インターネット講座（15）ネットで進化する人類　ビフォア／アフター・インターネット』、角川学芸出版、２０１５．
3　内山勝、中村仁彦『ロボットモーション』、岩波書店、２００４．
4　坂村健『ＩｏＴとは何か　技術革新から社会革新へ』、角川学芸出版、２０１６．
5　有本卓、関本昌紘『〝巧みさ〟とロボットの力学』、毎日コミュニケーションズ、２００８．
6『未来投資戦略２０１７—Society 5.0 の実現に向けた改革—』、https://www.kantei.go.jp/jp/singi/keizaisaisei/pdf/miraitousi2017_t.pdf
7　畑村洋太郎『実際の設計改訂新版　機械設計の考え方と方法』、日刊工業新聞社、２０１４．
8　片岡一則『医療ナノテクノロジー—最先端医学とナノテクの融合』、杏林図書、２００７．
9『不安な個人、立ちすくむ国家～モデル無き時代をどう前向きに生き抜くか～』、http://www.meti.go.jp/committee/summary/eic0009/pdf/020_02_00.pdf
10　長沼伸一郎『物理数学の直観的方法』、講談社、２０１１．
11　エコノミスト編集部『２０５０年の世界　英『エコノミスト』誌は予測する』、文藝春秋、２０１５．

第4章

自然言語処理と人工知能

内海　彰
電気通信大学大学院情報理工学研究科教授
人工知能先端研究センター教授

自然言語処理とは？

人間にとって「ことば」はなくてはならない存在である。普段は意識することはないが、ことばをまったく使わない生活を想像してみると、その必要性がよく理解できる。例えば、あなたがまったく知らない言語しか通じない場所にいると想像してみよう。もちろんスマートフォンやインターネットなどで日本語に接することはできないと仮定する。ことばを用いなくても、飲食店で食事をしたり、お店で何かを買ったりすることは、どうにかなるかもしれない。しかし、何らかの情報を得ようとしたり、他人と意思疎通を図ろうとすると、途端に困ってしまう。ことばが理解できなければ、さまざまなメディアが発する情報も理解することができず、他人との意思疎通も身ぶり手ぶりによる簡単なやり取り以上のことは困難である。このように、私たちの生活はことばに大きく依存している。人類はことばを操ることのできる唯一の種であり、その意味でまさにホモ・ロクエンス（ラテン語で「話す人」）なのである。

よって、人間と同等もしくは人間を超える人工知能を実現するためには、ことばを処理することが必要不可欠である。人工知能がことばを理解したり話したりすることを可能にするための技術が自然言語処理である。現在の人工知能ブームの火付け役となった深層学習や機械学習の研究者たちも、大きな成功を収めた画像認識や音声認識の次の研究対象として、この自然言語処理を挙げている。例えば、フェイスブック人工知能研究所所長のヤン・ルカン氏は、「深層学習の次の大きなステップは自然言語理解であり、個々の単語だけではなく文や文章全体を理解するコンピューターを目指す」と発言している。また、著名な機械学習の研究者であるマイケル・ジョーダン教授は、10億ドルの研究資金が得られたら何をしますかという問いに対して、自然言語処理を対象としたＮＡＳＡ規模の研究プログラムを作ると答えている（注1）。さらに、ビジネスの世界でも自然言語処理に熱い視線が注がれている現状がある。私

（注1）これらの発言はいずれも［Manning2015］からの引用である。日本語訳は著者による。

たちの活動のほとんどがことばを用いていることを考えれば、製品開発や顧客対応のみならず、自然言語処理は情報収集や業務・経費削減などのあらゆる点で恩恵をもたらすことが期待できる。

日常生活やビジネスに浸透する自然言語処理

すでに私たちの日常生活に多くの自然言語処理技術が使われはじめている。今や日常生活に欠かせないスマートフォンなどのモバイル機器には、アップルのＳｉｒｉ、グーグルのグーグルナウ、マイクロソフトのコルタナなど、機器操作や情報取得のために音声でやり取りすることのできる音声アシスタントや会話エージェントが提供されている。また、マイクロソフト・ワードや一太郎などの文書作成ソフトには、文章校正や要約などの自然言語処理技術が実装されている。

グーグルなどの検索サイトでネットを検索する行為はもはや生活の一部となっているが、そこでの検索技術にも自然言語処理が用いられている。それだけではなく、海外のウェブページを閲覧するときに機械翻訳を用いて日本語に翻訳することもできるし、スカイプでの音声通話にも翻訳機能が備わっている。また、ニュースニュースキュレーションサイトであるスマートニュースでは自動要約技術が用いられている。

将来的に私たちの日常生活にロボットが入り込むとすれば、自然言語処理による対話技術は不可欠になるといえる。特に、特定の人たちをサポートするために、自然言語で会話することのできるロボットの利用に期待が高まっている。例えば、高齢者や認知症者のヘルスケアやＱＯＬ向上のために、会話ロボットや会話エージェントを利用するといった研究が進められている。

ビジネスの世界でも自然言語処理は大きな注目を集めている。多くの企業にとって、自社の製品やサービス、ブランドイメージが消費者にどのように受け止められているかを分析することが、自社の今後の開発の方向性を決定する上で重要になってきている。現在では、ウェブやＳＮＳで消費者個人が自分の意見を容易に投稿できるため、それらの投稿を収集・分析することによって、経営判断のための貴重な情報が得られる。このようなことを実現するのがセンチメント分析や意見マイニングと呼ばれる自然言語処理技術である。例えば、米ネットベース・ソリューションズ社のネットベースなど、感情分析によるＳＮＳデータ分析のプラットホームが商用化されている。また、大量の文書を自動的に解析することによって、有益な情報を抽出・発見する技術も求められている。例えば、航空事故やさまざまな現場におけるインシデントに関するリポートから情報抽出や分類を行うといった研究開発が行われている。

セールスやコールセンターなど、顧客や消費者との対話が必要な業務には、人間とシステムのインターフェースとして会話エージェントやチャットボットの利用が試みられている。例えば、みずほ銀行はコールセンターや銀行での顧客対応に、ＩＢＭのワトソンの質問応答や対話技術を生かした取り組みを行っている。

多くの企業にとって、さまざまな文書を作成することが業務の大きな割合を占めている。これらの業務の自動化に向けて、文書解析や自然言語生成技術が使われはじめている。例えば、リーガロジック社は企業法務業務における契約書のチェックや修正を行うローギークスというシステムを提供しており、すでに企業へ導入されている。また、オートメーテッド・インサイツ社やナラティブ・サイエンス社はニュース記事などの文章を自動生成するシステムを開発しており、実際のニュース記事配信に利用されはじめている。

これらの例から分かるように、自然言語処理には多くの期待が寄せられているとともに、さまざまな分野で自然言語処理の導入が試みられている。しかし、これらの試みはまだ始まったばかりであり、２０２５年という近い将来にどこまでが実現されるのだろうか。現在の人工知能や自然言語処理への過度な期待を冷静に受け止めて、何ができて何ができないかを予測することは、人工知能の健全な発展や適切な応用にとって重要と考えられる。そこで次では、少し話が長くなるが、自然言語をコンピューターで処理することの難しさがどこにあるのかを考えてみたい。

自然言語処理の難しさ

コンピューターが自然言語を処理するとはどのようなことかを実感するために、次の文を考えてみよう。

저는 고양이를 너무 좋아해요。

韓国語を知らない人にとっては、この文字列を見ただけでは何が書かれているのかは分からない。これらの文字がハングルであることも分からなければ、単なる記号列にしか見えないだろう。（韓国語が理解できる人は、アラビア語などの文字列を思い浮かべるとよい。）コンピューターは、まさにこのような状態から自然言語を理解しなければいけないわけである。言い換えると、自然言語処理技術はコンピューターにこれらの文字列が何を意味しているのかを認識させたり、自然でかつ意味の通る文字列を生成させたりするための技術なのである。

しかし、韓国語が理解できない人間とコンピューターの間には、大きな違いがある。人間には母国語があるので、この文を母国語の文に翻訳すれば、元の文の意味を理解することができる。この韓国語の文の日本語訳が「私は猫がとても好きです」ということが分かれば、この文の意味を即座にかつ正しく理解できる。（もちろん、個別の言語に特有のニュアンスがあるので、完全に理解できるといえない部分もあるが、そのことはここでは置いておくとする。）一方、コンピューターには（自然言語としての）母国語がないので、日本語訳や英訳が分かっても、別の記号列に置き換わっただけであり、それだけでは

文の意味を理解することにはならない。つまり、記号列を見ただけでは、「私（저）」、「猫（고양이）」、「好き（좋아하다）」といった単語の意味を理解できないのである。画像や音声のような信号を処理する場合には、信号が類似していれば、それらの実体である画像や音声が似ているといえる。しかし、離散記号である言語は、文字列の類似はそれらの実体である意味の類似にはつながらない。意味を理解する上で「あ」が「い」と「う」のどちらと似ているかを考えることはナンセンスであるし、「わたし」と「たわし」は文字列として類似しているが、それらの意味が似ているわけではない。よって、言語の意味を理解もしくは学習させることが、言語を操る人工知能の実現には非常に重要なのである。

もちろん私たち人間も、最初から母国語の単語の意味を理解できるわけではない。その意味では、生後まもない赤ちゃんはコンピューターと同じ状況であると考えることもできる。人間が単語の意味を学習するときには、言語という記号系に閉じているわけではなく、言語以外の情報を積極的に利用している。例えば「猫」という単語の意味を学習する際には、実際の猫を見たり触ったり鳴き声を聞いたりしながら、猫という概念を獲得していく。「好き」という単語の意味も、好きという感情を実際に経験して、その感情を「好き」という記号と結びつけることによって意味を学習していくのである。したがって、コンピューターも、言語以外の情報を用いて、単語の意味を学習する必要がある。専門的には記号接地問題と呼ばれているこの問題への対処は研究が始まったばかりであり、現状の自然言語処理では、文章から得られる語彙分布情報を利用して単語の意味をベクトル表現する技術が主に用いられている（注2）。

離散記号の意味問題に加えて、自然言語処理をさらに困難にしているのは、自然言語の本質的な性質である意味の曖昧さである。文の個々の単語の意味が分かったとしても、それだけで文全体の意味が一意に決定できるとは限らない。その原因の1つとして、単語が複数の意味を持つという語彙的な曖昧さがある。例えば、"Teacher strikes idle kids."という文では、strikeという単語が「殴る」という動詞と

（注2）言語以外のマルチモーダル情報を利用して単語の意味を学習する取り組みについては、2章で述べた。

しての意味と「ストライキ」という名詞としての意味を持つため、「教師が怠けている子どもたちを殴る」と「教師のストライキによって子どもたちが怠ける」という異なる解釈が可能である。（なお、idle にも「怠けさせる」という動詞の意味と、「怠けている」という形容詞としての意味がある。）このような曖昧さを持つ文の意味を決定するためには、その文が用いられている文章での文脈情報などを手がかりとするしかない。また、語彙的な曖昧さがなくても、単語の意味のみから文の意味を決定することが困難な場合も少なくない。例えば、次の文①と文②は1カ所を除いて同じ表現であるが、従属節（原因を述べている節）の主語が文①では警察なのに対して、文②ではデモ隊である。

① 暴力を恐れたので、警察はデモ隊の道路使用許可を拒否した。
② 暴力を容認したので、警察はデモ隊の道路使用許可を拒否した。

この違いは言語表現だけからは理解できず、単語の表す概念に関する一般的知識（常識）に基づく推論が必要となる。

私たちは、文脈や常識などを利用して、このような意味の曖昧さを持つ文の理解を苦労なく行っているが、その心的メカニズムは明らかではない。現在の人工知能においても、このような意味理解は最も苦手とする処理の1つであり、２０１１年に国立情報学研究所が開始した「ロボットは東大に入れるか」プロジェクトにおいても、このような深い意味理解を必要とする文章問題を解くのが非常に困難であることが示されている。また、著名な人工知能研究者であるヘクター・レベック氏は、まさに前述の主語の問題（英語では代名詞の指示対象を同定する問題）を解けるかどうかが、チューリングテストに替わる、機械が知能を持っているかを判定するテストとして利用できると提案している。

自然言語処理をさらに困難にしている曖昧さとして、言語表現上に直接コーディングされていないが文によって伝達される言外の意味がある。例えば、次の会話における夫の返答が伝えようとしている言外の意味として、いろいろな解釈が考えられる。

妻「これからコーヒーを入れるけど。」
夫「コーヒーを飲むと、目がさえるからな。」

夫に徹夜仕事があって眠気を覚ましたいという状況であれば「僕にも入れて」と解釈できるし、疲れたからもうすぐ眠りたいと夫が思っているのであれば「僕はいらない」という返答になる。また、妻が眠気を覚ましたいという状況であれば「コーヒーを飲んだほうがいいよ」という程度の意味になるかもしれない。このような間接的な発話も特別なものではなく、私たちは意識することなく日常的にこのような発話をしたり、言外の意味を理解したりしている。

言外の意味を理解するためには、それ以前の会話や行動などの文脈・状況だけではなく、夫や妻が何を考えているか、何をしたいかという他者の心を推測する能力が必要である。心理学では、このような能力を心の理論と呼び、言語理解だけではなく、私たちがコミュニケーションをとる上で必要不可欠な能力であると考える。しかし、心の理論のメカニズムはまだ十分に解明されておらず、当然、コンピューターで他人の心を推測することも実現できていない。

ここまでの話をまとめると、離散記号である言語を観察するだけでは求めることのできない「意味」というやっかいな存在が、自然言語処理を困難にしている大きな原因であるといえる（**表1**）。この問題を解決するには、私たちが何気なく行っている「深い意味理解」が必要である。深い意味理解の重要性は、人工知能ブームのかなり以前から指摘されているが、そのための方法論はまだほとんど確立されていない。現状の深層学習や機械学習による自然言語処理は、実際の言語使用に潜む規則性の発見に基づく浅

表1：自然言語処理で難しいこと

単語の意味を表現・理解する。
複数の可能性から文が表現する意味を理解する。
言語表現に明示されない言外の意味を理解する。

い理解にとどまっている。学習のための大量の言語データが入手できれば深い理解に到達するかどうかは意見の分かれるところであるが、筆者はこのようなアプローチだけでは2025年までに深い理解が可能になるとは思わない。深い意味理解のためには、自然言語処理の方法論を大きく変えるようなブレークスルーがさらに必要である。

よって、2025年という近い将来に自然言語処理がどの程度のレベルまで到達可能かを予測するには、深い意味理解の問題をどのくらい解決できるかが鍵となる。また、解くべきタスクの内容や性質によってもこの問題がどのくらい影響するかが異なってくる。それほど深い意味理解をせずに処理できるタスクは、かなりの精度で実現可能であると考えて間違いない。例えば、契約書や学術論文などの文章は、できるだけ言語の曖昧さや言外の意味を排除するように作成される。したがって、これらの文章を対象とする処理（例えば、理解や翻訳）では、あまり言外の意味を考えなくても問題ない（注3）。一方で、私たちは日常的な会話において、知らず知らずに曖昧な表現や言外の意味を多用している。したがって、会話エージェントによる汎用的な対話処理では、言外の意味の推測が求められることになる。例えば「結構です」という表現は日常的によく使われるが、この表現は状況に応じてイエスもノーも伝えることができる。その意味を正しく理解して一貫性のある会話を続けるためには、言外の意味に関する何らかの処理が必要になる。

このことを踏まえた上で、以降では、現状で何が可能であり将来的に何が問題となるかを、読み、書き、会話のそれぞれについて検討していく。そして本章の最後では、自然言語処理の社会的意義やその未来について論じる。

（注3）見方を変えると、私たちが学術論文や法律関係の文書などを作成するのが難しいと感じる原因の1つに、言外の意味をはじめとする意味の曖昧さを排除するようなことばの使い方に慣れていないということがある。そこに、人間とコンピューターの大きな違いがある。

文章を読む人工知能

私たちは、日常生活において、さまざまな文章から新たな情報を得ている。新聞やインターネット上のニュースを読んで世の中で何が起こっているのかを知ったり、本を読んで必要な知識を学んだりしている。私たちが得ることのできる情報のほとんどは、ことばで書かれた文章から得られるといっても過言ではなく、その意味で文章はまさしく情報の宝庫なのである。

しかし、私たちが読むことのできる文章の量には限界があるのもまた事実である。そこで、私たちの情報収集の手助けをしたり、私たちには到底不可能なほどの大量の文章データから瞬時に有益な情報を得たりすることのできる人工知能が求められる。また、人工知能がより賢くなるために、文章から多様な情報を自動抽出することも望まれる。このような処理はマシン・リーディングと呼ばれており（**図1**参照）、米国のＤＡＲＰＡ（国防高等研究計画局）ではマシン・リーディングを実現するための研究開発に大規模な予算が割り当てられている。本節では、マシン・リーディングを可能にする自然言語処理技術の現状と将来について説明する。

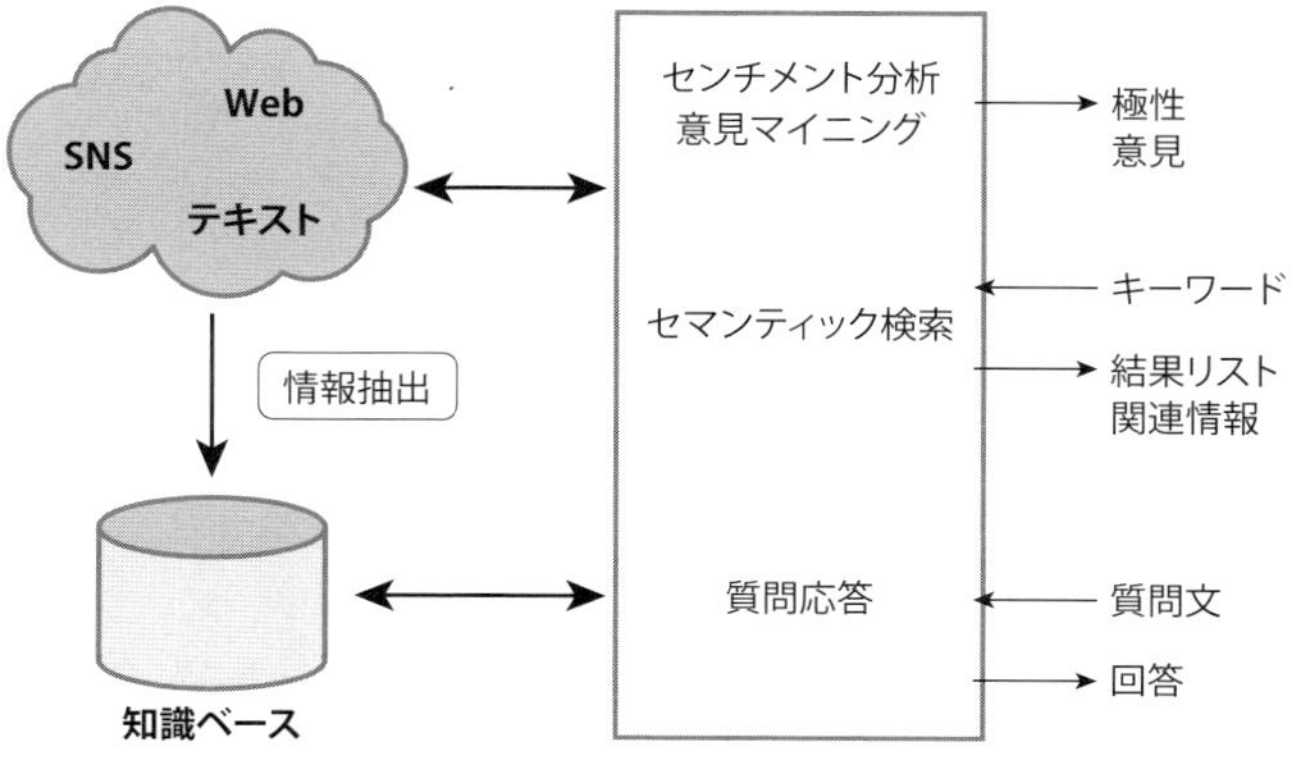

図１：マシン・リーディングの概要

情報検索

情報検索は、ユーザーが入力した検索質問（クエリ、通常はいくつかの単語を指定する）から、内容的に検索質問に関係する文書のリストを求める技術である。私たちが日常的に用いているグーグルなどのサーチエンジンだけではなく、ある特定の種類の文書（例えば、医学関係の論文や特許文書）に特化した検索システムも多くの需要がある。

現在の情報検索は、文章リストの提示という単純な処理にとどまらず、より豊かな情報を提供する技術として発展している。グーグルは２０１２年に検索サービスの大幅な改良を実施し、検索性能を大きく改善するとともに、検索結果ページの右側にクエリに関係する情報をインフォボックスとして提示するサービスを開始している（注４）。例えば「ウディ・アレン」と検索すると、ウディ・アレンについて言及しているウェブサイトの一覧だけではなく、ウディ・アレンという映画監督の紹介や彼が監督・出演した映画の一覧、ウディ・アレンに関係する人物のリストなどの構造化された情報がインフォボックスに提示される。さらに、「海に面していない県はどこですか？」というように、質問文をそのままクエリとして入力すると、回答を直接提示することも一部で可能になっている。

このような検索を可能にしているのが、セマンティック検索と呼ばれる技術である。セマンティック検索とは一言でいえば「意味による検索」であり、記号列の一致に基づく従来のキーワード検索とは異なり、キーワード（単語）の意味に基づいた検索という点を強調した用語である。従来のキーワードによる検索では、クエリに含まれるキーワードを記号列としてどれだけ含むかを基準として、検索対象となる文書やウェブページとクエリの関連度を計算し、関連度が上位の文書のリストを出力する。一方、セマンティック検索では、検索対象の文書やその他の知識源となる文書から構造化された知識を大量に抽出し、その知識ベースを用いてクエリに関連する多様な情報を提示する。知識ベースの利用によって、

（注4）Amir Efrati, "Google gives search a refresh", The Wall Street Journal, March 15, 2012.

検索要求に適合する文書をより求めやすくなるとともに、インフォボックスのような形式でユーザーの求める情報を直接提示することが可能になる。なお、従来のキーワード検索においてもまったく意味を考慮していないわけではなく、行列演算を用いて単語間の意味的関係を推測する潜在意味インデキシングと呼ばれる技術も用いられている。しかし、セマンティック検索の目的が、検索結果としての文書リスト提示の性能向上ではなく、ユーザーの検索要求に合致した情報やさらなる検索に役立つ情報を直接提示することにある点で、従来のキーワード検索とは大きく異なっている。

　セマンティック検索において最も重要なのが、知識ベースである。現在のセマンティック検索で用いられる知識ベースは、**図2**に示されるようなセマンティック・トリプルと呼ばれる2項間の関係を示す3つ組の集まりで構成されている。例を挙げる

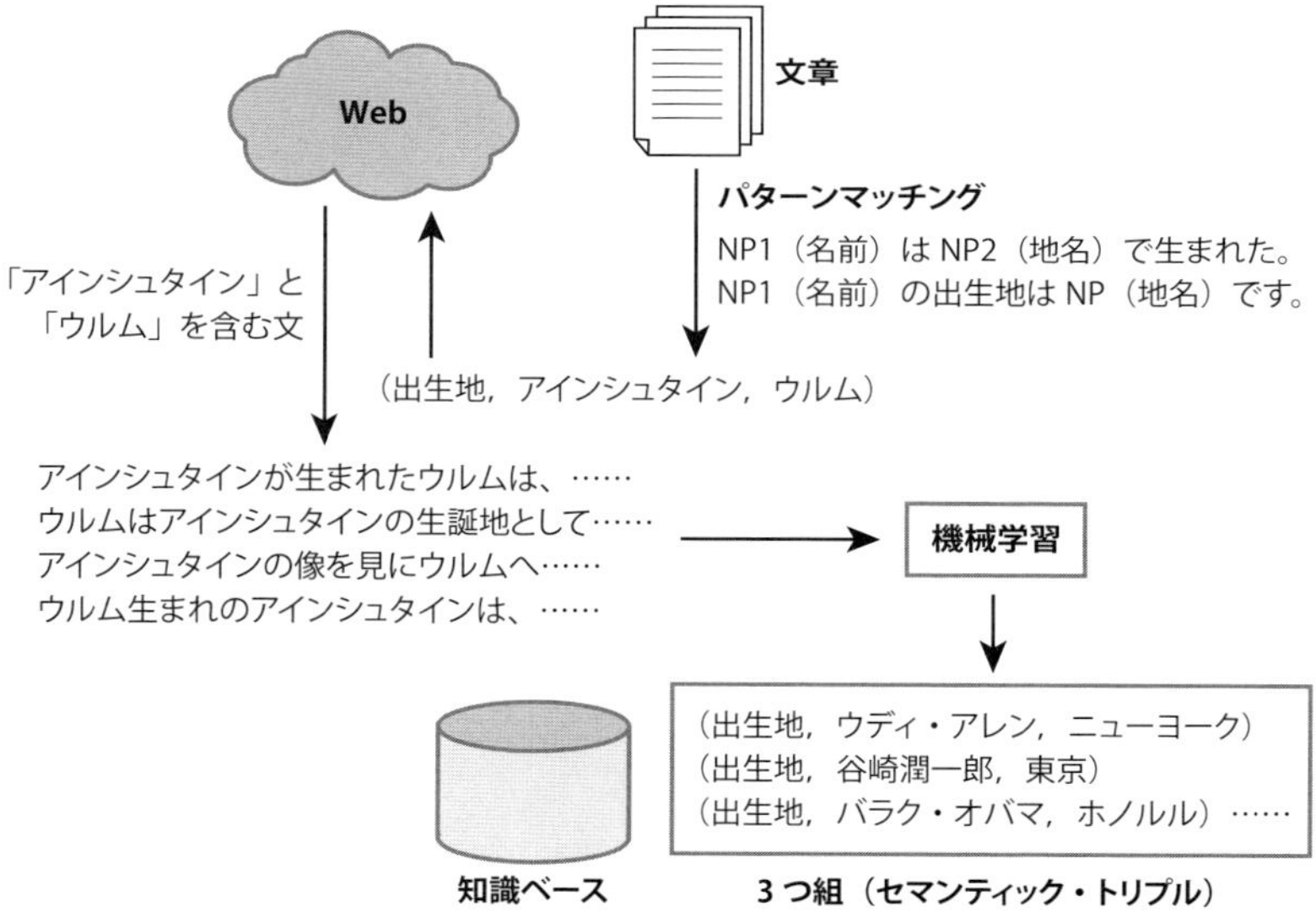

図２：情報抽出による知識ベース（セマンティック・トリプル）の構築

と、（出生地，アインシュタイン，ウルム）という3つ組で、「アインシュタインの出生地はウルムである」という知識を表している。このような3つ組データが大量に蓄積されていれば、与えられた検索クエリに対してどのような情報をインフォボックスに提示すればよいかを容易に求められる。例えば、「アインシュタイン」というクエリが与えられたとき、アインシュタインを含む3つ組データから提示すべき知識をランク付けして、検索結果とともに提示することができる。

セマンティック検索が注目されるようになった初期の頃には、このような知識ベースは人手で構築するのが主流であった。グーグルがセマンティック検索によるサービスを開始したときにも、ナレッジ・グラフと呼ばれる人手で構築された知識ベースが用いられていた。しかし、マシン・リーディングの主目的が大量の文章の内容を理解して、そこから情報を抽出する点にあることからも分かるように、最近では情報抽出技術を用いて知識ベースを自動的に構築するアプローチが主流になっている。グーグルは情報抽出技術を用いてナレッジ・ヴォールトと呼ばれる知識ベースの開発を行っている。したがって、セマンティック検索技術の今後の発展において、この知識ベースの自動構築が鍵を握ることになる。2025年までには、現在よりも豊富な情報を提供できるようになることは間違いないが、セマンティック検索によってどこまで到達できるかは、次節で述べる情報抽出技術の発展にかかっている。

情報抽出

構造化されていない文章から有用な情報や知識を抽出する処理が情報抽出である。その中でも、セマンティック検索に用いられる知識ベースを構成する3つ組データを抽出する処理は、関係抽出と呼ばれる。関係抽出の最も単純な方法は、人手であらかじめ定めた規則や言語パターンを用いて、その関係にある語句を抽出するというものである。例えば、「名詞句1（名前）は名詞句2（地名）で生まれた」というパターンに一致した文から、（出生地，名詞句1，名詞句2）という3つ組を抽出することができる。また、パターンをあらかじめ用意しなくても、訓練データとして正解の3つ組とそれが記述されている文を大量に与えることができれば、機械学習を用いて新たな3つ組を抽出することも可能である。しかし、機械学習では大量の訓練データが必要であることから、関係抽出においてはディスタント・スーパービジョンと呼ばれる訓練データを自動で収集する方法が広く用いられている（**図2**参照）。この方法では、ある関係に対してすでに得られている3つ組に出現する単語（**図2**の例であれば「アインシュタイン」と「ウルム」）の両方を含む文をコーパスから収集することで、大量の訓練データの収集を可能にしている。このような手法をベースにして関係抽出を行い、知識ベースを自動的に構築するシステムとして、スタンフォード大学が開発したディープダイブがある。実際にこのシステムを用いて、古生物学に関する文献から研究者が人手で作成したものに匹敵する知識ベースを構築できたことも示されている。

この情報抽出手法では、どのような関係（例えば、出生地）のデータを抽出するかを人手で与えていたが、ありとあらゆる関係に関する知識を完全に自動で抽出するオープン情報抽出という研究も進行している。オープン情報抽出の特徴は、訓練データを用いた教師あり学習ではなく、訓練データを与えずに文章から関係を抽出する教師なし学習を行う点にある。具体的には、係り受け解析を用いて文の構文を求め、動詞句を関係とみなしてそれらの主語や目的語にあたる名詞句を3つ組とするという方法などが用いられている。オープン情報抽出は、マシン・リーディングの目標である大量の文書の自動的な理解に基づく情報獲得を実現するための核となる技術であり、セマンティック検索にとどまらず、後述する質問応答や意見マイニングなど、さまざまなタスクを実現するための基礎技術を提供可能である。

ここまで述べてきたようなセマンティック・トリプルと呼ばれる3つ組で表現できるような比較的単純な知識に関しては、2025年までには多言語に対して十分な質と量の知識ベースを構築できると考えられる。また、現状では言語ごとに生成されている知識ベースの融合も進むと思われる。これらによってセマンティック検索も成熟した技術として、現在以上に私たちに有益な情報を提供できるようになるであろう。

よって、今後の情報抽出は、より複雑な知識の抽出に重点が置かれるようになると考えられる。ここでいう複雑な知識としては、文（文章）で述べられている出来事の間に成立する含意関係・因果関係や、多段階の関係からなる手順やプロセスなどが考えられる。これらの知識を抽出するためには、自然言語処理の難しさとして挙げた深い意味の理解が必要であるため、現状では対応が非常に難しい。現在の情報抽出技術の延長でもいくらかは対応可能であるが、２０２５年までにこのような深い理解に基づく情報抽出やマシン・リーディングが可能になるとは考えられない。しかし、今後のマシン・リーディング技術の発展に向けての最重要課題であることは間違いない。さらには、時系列的にニュース記事などの文章を収集することによって、私たちが知らないような因果関係を発見するような技術も重要になると思われる。

質問応答

ここでいう質問応答とは、自然言語による質問に対して、文書や知識ベースなどからその回答を求める処理のことを指す。したがって、回答を求めることが別の自然言語処理タスクで実現されるケースは、ここでの質問応答には含めない。また、質問をクエリ、回答を検索結果と考えれば、セマンティック検索の一種とみなすことができるので、最近では情報検索と質問応答の区別は明確でなくなってきている。

現在の質問応答技術で主に対応できる質問は、単純な事実に関して回答が一意に決まるファクトイド型質問と呼ばれるものである。具体的には、クイズ番組で出題される質問をイメージするとよい。実際に、代表的な質問応答システムであるＩＢＭのワトソンは、２０１1年にアメリカの人気クイズ番組『ジョパディ！』に参加し、人間のクイズ王者に勝利したことで有名になった。ワトソンで用いられている質問応答技術はディープＱＡと呼ばれるもので、さまざまな文章（百科事典や辞書からウェブ上の文章まで）や知識ベースを知識源として、与えられた質問に対する回答を生成する。ディープＱＡに限らず多くの質問応答技術は、少なくても質問解析、回答候補生成、回答決定の3種類の処理から構成される。質問解析では、入力された質問文から何を聞かれているのかを決定する。次に、回答候補生成では、文書や知識ベースから質問の回答として適切な候補を網羅的に生成する。そして最後に、各回答候補の回答としての正しさをスコア付けして、最終的な回答を決定する。スコア付けでは、さまざまな情報（質問文中のキーワードとの関連度や文章中での近さなど）を用いてスコアを計算したり、深層学習などの機械学習によって回答としての適切さを学習したりといった方法が用いられる。

ファクトイド型質問に対する応答技術は２０２５年までには実用レベルに達すると考えられる。一方で、ｈｏｗ（方法を問う質問）やｗｈｙ（理由を問う質問）などのノンファクトイド型と呼ばれる質問に、ファクトイド型質問と同じ手法で対応することは困難である。これらの質問に答えるためには、先に述べたような因果関係・含意関係（ｗｈｙ型質問）や複数の出来事からなる手順・プロセス（ｈｏｗ型質問）などのデータが必要となるため、これらの情報抽出技術の実現がノンファクトイド型質問に対する質問応答技術の鍵となる。したがって、ヤフー知恵袋のようにどんな種類の質問にも答えてくれるシステムを２０２5年までに実現するのは難しいであろう。

センチメント分析

センチメント（感情）分析や意見マイニングは、製品・サービスから時事問題や政策、人物など、ありとあらゆる物事に対する人々の意見、評価、態度、感情を自動で分析・抽出する処理や技術のことである。自然言語処理の中でも、センチメント分析は非常に注目されている。企業は自社の製品やサービスに対する世の中の反応を知りたいと常に思っているし、官公庁は行政や立法に関する世論の動向を把握することが必要である。また消費者も、他の消費者の意見や評判を商品購入やサービス利用の際の参考情報に用いている。

センチメント分析で最も重要かつ基本的な処理が、極性判断である。極性とは肯定（ポジティブ）・否定（ネガティブ）のことであり、極性判断とは文や文章の極性（良い／肯定、悪い／否定の他に、どちらでもない／中立を加えることが多い）を求める処理である。具体的には、ある製品やサービスが好意的に受け取られているかとか、ある政策や時事問題に対して賛成・反対のどちらの意見が多いのかなどを判断することが該当する。センチメント分析では、ツイッターをはじめとするソーシャルメディアやレビューサイトでの発言などの文章に対して、まず意見や評価が述べられている文を抽出して、抽出された文の極性を判断する。そして最後に、極性判断の結果を評価項目ごとにまとめて出力する。

意見や評価を述べている箇所を抽出する処理では、あらかじめ評価項目が分かる対象（例　スマートフォン、ホテル）の場合には、情報抽出の手法を援用して、対象の各評価項目に関して述べた文を抽出することができる。一方、あらかじめ決められないさまざまな観点からの意見が存在する対象（例　時事問題）の場合には、個々の文で述べていることが主観的か客観的かを判別する処理（主観性判断）によって、意見が述べられているかどうかを判定する。主観性判断には、簡単なパターンマッチング処理の他に、機械学習も用いられる。そして、文書クラスタリング（注5）の技術を用いて、抽出された意見文を観点ごとにグループ化する。

抽出された意見文の極性を判断する手法は、機械学習を用いて分類システムを構築する手法と、単語・

（注5）文書クラスタリングとは、与えられた文書集合をその内容に応じてグループ化する処理のことである。

語彙に関する極性辞書に基づいて文の極性を判断する手法の２つに大別できる。極性辞書を用いる手法では、文中に含まれる単語の極性辞書における極性スコアを用いて、その文の極性を判断する。極性辞書は、あらかじめ極性が明確に決められる少数の種語を用意し、それらの種語を用いて他の単語の極性を求めることによって構築するのが一般的である。例えば、ある語句がポジティブな種語（例　素晴らしい、良い）やネガティブな種語（例　ひどい、悪い）と共起する度合いを相互情報量を用いて計算し、それらの差からその語句の極性値を求めている。また、レビューサイトに掲載されるレビューに付けられた5段階や10段階のスコアを利用して、単語の極性を求めることもできる。

さらに、良い・悪いという極性だけではなく、そこで述べられている感情を知りたいこともある。例えば、同じネガティブな意見でも、怒りを感じるほど批判的なのか、それとも単に悲観しているだけなのかを区別したいといった場合である。このような感情識別は、小説中の登場人物の感情の推移を知るなど、センチメント分析以外への応用も可能であることから興味深い技術である。感情識別は、基本的に前述した極性判断の手法（教師あり機械学習による方法や極性辞書を用いる方法）を感情に拡張することによって行われる。極性判断に比べて判断の対象となる分類数が多くなるので、それだけ細かな識別が要求されるという点で、極性判断よりも難しい処理である。

大量の文章から極性や感情を推定して意見や評判全体の傾向を探ることは、２０２５年までに十分に実用レベルに達することが期待できる。全体的な傾向を把握する上では、個々の文に対する推定誤りがある程度生じるとしても、最終的な結果に大きな影響を与えないと考えられるからである。しかし、センチメント分析は全体傾向の把握だけではなく、さまざまな応用が考えられる。例えば、臨床診断への応用として、ソーシャルメディアでの発言や文章・会話から、その発言者が発達障害や精神障害を患っているかどうかを判断することが考えられる。また、米国などではテロや犯罪などの予防としてソーシャルメディアを監視しており、その際に個々の発言の極性・感情判断を行っている。これらの応用例のように、センチメント分析の目的が個々の文章の極性判断にある場合には、解決しなければならない問題は少なくない。その中で最も重要な問題が否定表現の扱いである。否定表現を正しく理解しないと、判断結果の極性が実際とは逆になりかねないからである。否定表現の理解は、否定を表す語句の有無だけではなく、どの部分を否定しているかを判断しなければいけない（例えば、「このノートＰＣは重いので持ち歩かない。」という文は重いことを否定していない）ので難しい問題である。また、皮肉や誇張・比喩といった言外の意味を持つ表現の極性判断も不可欠な処理である（注6）。これらの表現の理解には深い意味処理が必要であるため、２０２５年までに実用レベルに達するのは難しいかもしれない。

(注6) Katie Zezima, "The Secret Service wants software that detects sarcasm. (Yeah, good luck.)", The Washington Post, June 3, 2014.

文章を書く人工知能

文章を書くという行為は、情報伝達や記録などのために重要な作業である。多くの職場ではさまざまな文章を書いたり文書を作成したりする作業が日常的に求められている。一方で、私たちにとって、文章を読むことと比較して文章を書くことは容易ではないことも事実である。新聞記事を読むことは誰でもできるが、新聞記事を書くことは経験や能力が必要である。そのことからも、さまざまな文章を作成できる人工知能が求められている。

しかし、私たち人間以上に、人工知能が文章を生成することは困難である。私たちは何を述べるかを頭の中で考えながら文章を書いていくが、その頭の中にある考えや思考をコンピューターの中で表現することはそもそも難しい。これは文章生成に特有の問題である。機械翻訳や自動要約のように文章生成処理への入力も文章である場合、見かけ上この問題は生じないため、元の文章が与えられない文章生成に比べて扱いやすく、研究開発も進んでいる。(これらの処理は、文章生成というよりは文章変換というほうが妥当である。)しかし、多くの文章生成処理では元となる文章は存在しないので、文章以外のデータから文章を直接生成する技術が求められる。

機械翻訳

機械翻訳は、その需要の大きさから、自然言語処理の初期の頃から研究開発が盛んに行われている。昔の機械翻訳では、翻訳規則や対訳辞書を人手で作成して翻訳を行う手法が主流であったが、翻訳規則や言語知識を大規模化するのは能力の面でもコストの面でも限界があるために、実用化が困難であった。近年では、対訳コーパスと呼ばれる文単位の対訳例を大量に集めたデータが利用できるようになり、これを用いた統計的機械翻訳が主流となった。

さらにここ数年は、統計的機械翻訳を上回る翻訳性能を得られる手法として、深層学習を用いた機械翻訳(ニューラル機械翻訳とも呼ばれる)に注目が集まっている。2016年にはグーグル翻訳にもこの技術が適用されて、大きく翻訳性能が向上した(注7)。機械翻訳に用いられるニューラルネットワークは、系列変換モデルと呼ばれるネットワークがベースになっている。系列変換モデルは、文を単語列と捉えて翻訳元の言語の単語列を翻訳先の言語の単語列に変換する手法であり、入力された単語列をベクトル化するエンコーダと、エンコーダでベクトル化された情報を受け取って変換後の単語列を生成するデコーダの2つのネットワークから構成される。エンコード、デコーダともに離れた単語同士の依存関係を扱うことのできるLSTMなどのリカレントネットワークが用いられる。深層学習による機械翻訳の特徴は、統計的機械翻訳のように単語列をそのまま扱うのではなく、単語列の意味を抽象化したベクトル表現を用いる点にある。

(注7) Barak Turovsky, "Found in translation: More accurate, fluent sentences in Google Translate", Google Blog, November 15, 2016.

現状では、ニューラル機械翻訳の性能を向上させるさまざまな試みが集中して研究されており、2025年までには翻訳性能の向上が十分に期待できる。しかし、現在のニューラル機械翻訳は基本的に文単位での翻訳であるため、文脈を用いて意味の曖昧さを解消しなければいけない文や文章については、まだまだ十分な性能が得られていない。このような訳し分けができる機械翻訳は、今後の大きな課題として残っている。言い換えると、意味的に曖昧な文を極力排除するように作成された文章では、十分な翻訳性能を達成することができると考えられる。

自動要約

自動要約における最も基本的なタスクは、1つの文章からその内容を簡潔に述べる文章を生成する単文章要約である。人間がこのような要約を行う場合には、元の文章の内容を深く理解した上で何を述べるべきかを考え、その内容を文章として作成する。しかし、前述したように、このような文章生成は困難である。そのため現在の自動要約では、元の文章の中で要約にふさわしい部分（重要文）を選択して、それらを切り貼りして要約文章とする方法が主流である。要約文章に含めるべき重要文は、文章の内容を反映する単語や文章構造の性質（例えば、文章や段落の冒頭文はその文章の概要を示すことが多い）などの情報から、統計的手法や機械学習を用いて決定するのが一般的である。重要文を選択したあとは、指定された要約率を満たすように文の一部を削除する処理や、複数の文を組み合わせて一文とする処理が行われる。

単文書要約はかなり以前から研究が行われているテーマであるが、大量の学習データの入手が困難であることから、深層学習などの機械学習を用いた手法はあまり進展していない。一方で、要約を文章として提示するのではなく、より簡潔な表現に要約することへの需要が高まっており、それに対応した要約技術も求められている。例えば、ライブドアニュースのように新聞記事を3行の箇条書き文で示すという要約や、ヤフーなどのポータルサイトでのトピックス見出しなどである。これらの端的な表現による要約は、文章による要約に比べて機械学習が適用しやすく、深層学習による要約研究も新聞記事の見出し生成などのタスクに集中しているため、今後の実用化が十分に期待できる。

また、1つの文章を要約するのではなく、多くの文章から得られる内容を1つの文章に要約することも求められている。例えば医療の現場では、情報過多によって必要な情報を得ることが難しくなっているという問題があり、そのため多くの研究論文や報告書からの情報抽出とその結果の要約には大きな需要がある。医学分野に限らず、情報抽出やセンチメント分析によって得られた結果を総合して文章で提示することは、マシン・リーディングにおける重要な技術的課題でもある。しかし、このように内容が必ずしも重複しない複数文章の要約には、単文章要約で用いられている手法は適していない。単文章要約では、選択した重要文を元の文章での出現順に並べれば文章としてのまとまりがおおよそ保持できるが、複数文章の場合には、文章の構造自体を考えなければいけない。そのことは重要文の選択にも影響を及ぼすし、そもそも重要文を選択することが適切なアプローチではないかもしれない。その意味では、次に述べる文章生成に類した処理が必要になると考えられる。

文章生成

専門的な文章の作成は多くのコストがかかることから、文章を自動生成する人工知能に多大な期待が寄せられている。そこでは、企業の法務業務や顧客との契約における契約書、技術者向けの技術リポート、企業の決算報告など、さまざまな応用例が想定されている。その中でも、スポーツや経済などに関する報道記事の自動生成は、オートメーテッド・ジャーナリズムやロボット・ジャーナリズムと呼ばれ

STATE COLLEGE, Pa. (AP) -- Dylan Tice was hit by a pitch with the bases loaded with one out in the 11th inning, giving the State College Spikes a 9-8 victory over the Brooklyn Cyclones on Wednesday.

Danny Hudzina scored the game-winning run after he reached base on a sacrifice hit, advanced to second on a sacrifice bunt and then went to third on an out.

Gene Cone scored on a double play in the first inning to give the Cyclones a 1-0 lead. The Spikes came back to take a 5-1 lead in the first inning when they put up five runs, including a two-run home run by Tice.

Brooklyn regained the lead 8-7 after it scored four runs in the seventh inning on a grand slam by Brandon Brosher.

（Dylan Tice が 11 回 1 死満塁で死球を受け、State College Spikes が Brooklyn Cyclones に 9 対 8 で勝利した。Danny Hudzina が犠打で出塁し、犠打で二塁に進み、1 死で三塁に進んだあとに、決勝のホームを踏んだ。Gene Core が 1 回に併殺の間にホームインして、Cyclones が 1 対 0 とリードした。Spikes は 1 回に Tice の 2 ランを含む 5 得点を上げ、5 対 1 と逆転した。Brooklyn は Brandon Brosher の満塁ホームランによる 4 得点を 7 回に上げて、8 対 7 と再び逆転した。）

図 3：自動生成によるマイナーリーグ・ベースボールの試合結果記事（2016 年 6 月 30 日付 AP 通信プレスリリース（https://www.ap.org/press-releases/2016/ap-expands-minor-league-baseball-coverage）より記事の一部を抜粋。日本語訳は著者による）

るほど、注目を集めている。オートメーテッド・ジャーナリズムを推進するAP通信社は、オートメーテッド・インサイツ社と共同で、企業収益に関する記事やマイナーリーグ・ベースボールの試合結果記事（**図3**参照）などの自動生成を行い、実際にそれらの記事を配信している。

文章生成は、何を述べるかを選択・決定する内容選択と、どのように述べるかを決定する文生成の2つの処理で実現されるのが一般的である。内容選択処理では、入力された非言語データのうちのどれを述べるかを選択するとともに、それらの情報を述べる順番も決定する。**図3**の例で考えると、試合に関するスコアなどのデータから、どのイニングのどの選手のプレイ結果を述べるのかを選択したり、それらをどのような順番で述べるのかを決定したりすることになる。文章の対象がかなり限定されている場合や、その対象の構造が複雑でない場合には、内容選択のための規則を人手で作成するルールベース処理を用いることもできるが、機械学習による内容選択も試みられている。

文生成では、空欄を含む文のテンプレート（ひな型）を用意しておき、選択された内容に関するテンプレートの空欄をデータで埋めることによって、質の高い文章を生成するアプローチが主流である。例えば、マリナーズが7回裏のイチローの満塁ホームランで逆転勝利となった場合、「(イニング)に(選手名)選手の(ランナー数)ホームランで(チーム名)が逆転勝利」というテンプレートから、「7回裏にイチロー選手の満塁ホームランでマリナーズが逆転勝利」という文が生成される。しかし、あらかじめテンプレートを用意するだけでは、表現の多様性に欠けるとともに対象が限定されるため、文法などを学習して文を生成する方法も試みられている。

また、内容選択と文生成を分けずに、深層学習を用いて非言語データから文章を直接生成するというアプローチもある。例えば、深層学習を用いて画像の内容を説明する短い文章を生成するシステムなどが挙げられる。しかし機械翻訳や見出し生成と同様に文単位での生成にとどまっており、文章を作成することは現時点では困難である。実際に、バスケットボールの試合結果記事を対象とした文章生成実験では、深層学習による方法がテンプレートに基づく文章生成手法に比べて劣っていることも指摘されている。

まとめると、野球の試合結果や企業収益報告のように文章の構造や文章を構成する文の内容に一定のパターンが見られる場合には、明示的に与えられた規則と文テンプレートによる手法によって、十分に実用に耐え得る質の高い文章の生成が可能である。これらの文章では事実を淡々と述べるだけでよく、凝った表現や論述は必要ない。２０２５年までに、この条件を満たす文章の多くは、人手による作成から自動生成へと移行していくと考えられる。しかし、この条件を満たさない文章となると、完全な自動化は困難であり、あくまでも人間の補助としての文章生成にとどまるであろう。

会話をする人工知能

人間を他の生物と区別する最も顕著な特徴は言語の利用であるが、言語を用いる行為の中で最も基本的かつ重要なのが会話である。このことは、文章の読み書きができない人でも、母国語での会話は可能であることからも明らかである。したがって私たちは、会話ができることが、人間性、つまり人間と同じ知能を有することの指標と無意識のうちにみなしている。例えば、ミケランジェロは自分の作成したモーゼ像があまりにもよくできていたので、モーゼ像に向かって「話してみよ」といったという逸話が残っている。また、チューリングは機械が知能を持っているかを判断するために、会話によって人間と機械を区別できるかというテストを提案した。いずれも会話＝人間性とみなしていることの証しといえる。よって、私たちが人工知能に最も期待するのは、人間と会話する能力といっても過言ではない。実際に自然言語処理の研究の初期から、自然言語で会話ができるシステム、すなわち会話エージェントの研究が行われている。

会話エージェントは大まかに2種類のタイプに分類することができる（**図4参照**）。1つは、特定のタスクを遂行するために会話を行うタスク指向型対話システムである。このタイプのシステムでは、タスクの遂行に必要な情報を会話を通じてユーザーから得ることが主な目的であり、自然言語による会話は人間とシステムのインターフェースとして役割を果たすことになる。例えば、顧客の問い合わせに対する応対を行う対話システムなどがこれに該当する。Ｓｉｒｉやコルタナなどの音声アシスタントも、スマートフォンの各種操作や情報検索などのタスクを実行するのが主目的なので、このタイプのシステムである。

もう1つの会話エージェントは、マイクロソフトのシャオアイス（微软小冰）や「りんな」のような、特定のタスクの遂行を目的としない自由な会話を行う非タスク指向型（もしくは雑談）対話システムである。私たちが日常的に行う会話の多くは特定の目的を持たない会話や雑談であり、非タスク指向型対話システムはこのような無目的会話を模倣するシステムといえる。非タスク指向型対話システムは娯楽目的の他に、高齢者や認知症の話し相手のような心理的サポートのための利用も考えられている。

タスク指向型対話システム

タスク指向型対話システムでは、対応すべきタスクがあらかじめ決まっているため、会話の内容を事前に予測することが可能である。よって、対応すべきタスクの実行に必要な情報が何であるかという知識と、それらの情報を得るためにシステムがどのような発話を行い、それに対するユーザーの応答から次に何を発話すべきかを決定する規則を人

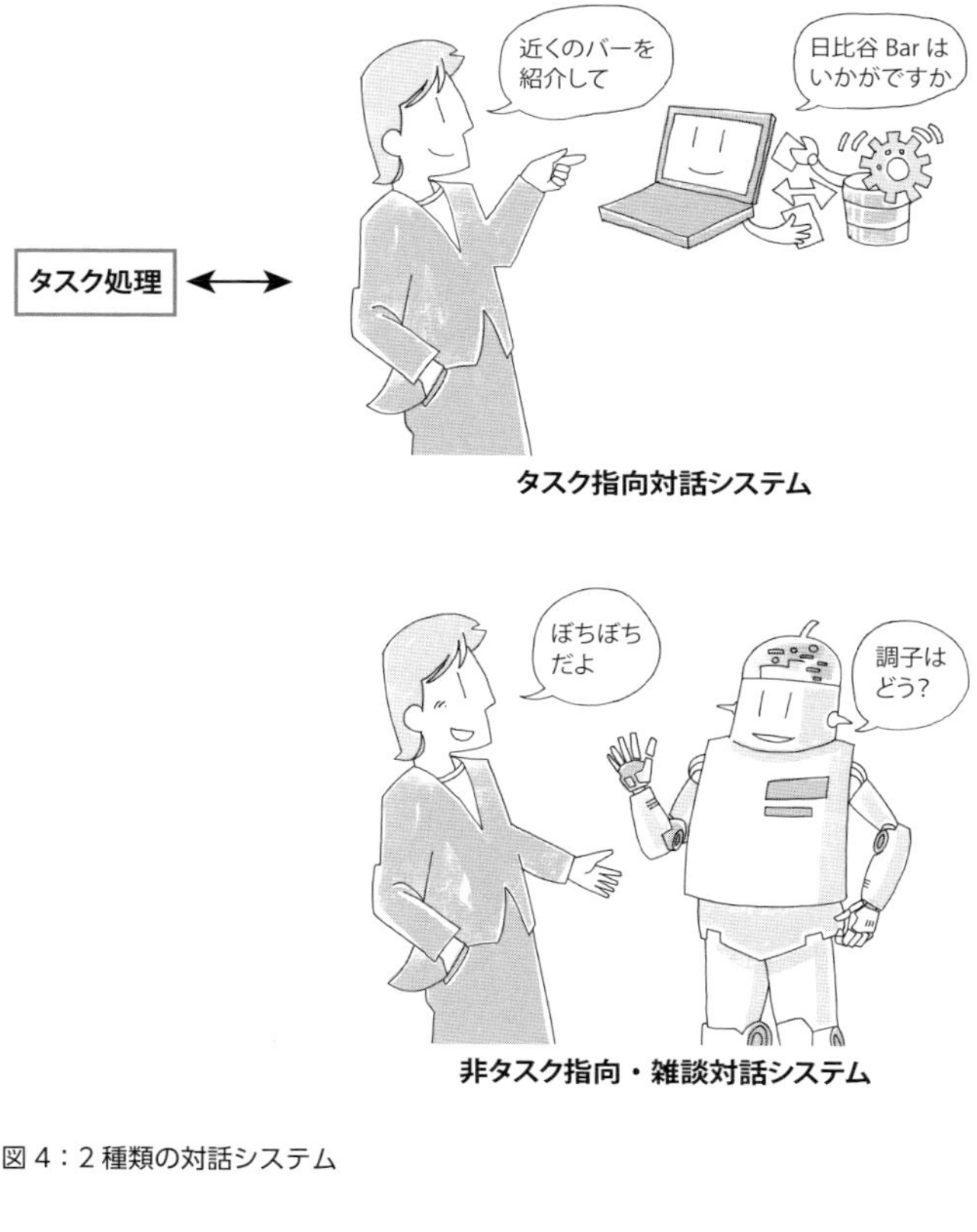

図 4：2 種類の対話システム

手で用意しておけば、おおよそ自然な会話を行うことが可能である。

Ｓｉｒｉなどの音声アシスタントでは、スマートフォンなどのデジタル機器の操作や情報検索などのタスクを実行するための知識や規則を、明示的にシステムに組み込んでおくことになる。例えば、スケジュール管理アプリへの登録というタスクを考えると、登録には予定の種類、開始日時、終了日時、場所などの情報が必要であるという知識や、未確定の情報を問い合わせるための発話を生成するための規則などを与えておく。ユーザーから「明日の午後3時からの企画会議を登録しておいて」という発話を受け取った場合に、この発話がスケジュール管理アプリへの登録というタスクを実行することを認識するとともに、予定の種類＝企画会議、開始日時＝10月13日の15時00分（発話が10月12日に行われているとして）という情報をユーザー発話から抽出する。そして「その会議の終了時間はいつでしょうか?」のような未確定情報を取得するための質問を行っていき、必要な情報が得られたら実際にスケジュール管理アプリを用いてスケジュールの登録を行い、登録を実行した旨をユーザーに伝える。

さらに最近のタスク指向型対話システムでは、ユーザーのより自由な発話に対処するために、あらかじめ用意された規則に従って会話を行うだけではなく、過去の会話データやその成否情報を用いて、ユーザーが発話によって何をしたいのかを推測し、それに応じてシステムがどのような応答をすればよいかを学習するという手法も用いられている。そこでは、現在のユーザー発話やそれ以前の対話履歴に対して、候補となるいくつかのシステム発話が適切である確率やその発話によってタスクが成功する確率を過去の会話データから計算して、最も確率の高い発話を選択する。

タスク指向型の対話を実現するための技術的発展は今でも続いており、２０２５年までには、音声アシスタントとの会話を通じて、ほぼ正確にユーザーの要求するタスクが実行可能になると思われる。しかし、これはあくまでもユーザーが実行可能なタスクを具体的に想定して行う会話についての予測である。ユーザーの中には、実行可能ではないタスクを想定していたり、そもそも何をしたいのかが明確ではないままに発話を行ったりすることもある。これらのユーザー発話に臨機応変に対応するためには、ユーザー発話の意図を正しく推測して、対処可能なタスクなのかどうかを判断したり、適切なタスク実行へ誘導する発話を行ったりと、言外の意味の理解を含む難易度の高い処理が必要となる。

さらには、タスク指向型対話システムに対して、特定のタスクを意図しない雑談を投げかけるユーザーも少なくない。そもそも、人間同士のタスク指向会話（例えば、ショッピングにおける客と店員のやり取り）においても、タスクとは関係ない雑談を行うことを考えると、今後は雑談会話も行えるタスク指向型対話システムが求められる。実際に、Ｓｉｒｉにおいても、特定のタスクを意図しない発話や質問（例えば、「私のことを好きですか？」とか「あなたの年齢は？」）に対して気の利いた返答を返すための技術開発が行われている。ただし現状では、タスクを意図しない質問に対する回答という1往復のやり取りにとどまっており、それ以上に雑談を続けることはできない。次に述べる非タスク指向型・雑談対話システムの発展とともに、タスク指向会話と雑談の切り替えや融合をどのように行うかという問題もこれから検討すべき課題である。

非タスク指向型・雑談対話システム

タスクに依存しない無目的会話や雑談では会話の話題・内容や構造をあらかじめ知ることができないので、前述のタスク指向型対話とはまったく異なるアプローチをとる必要がある。よって、深い意味理解の問題が顕在化することになり、結果として、無目的会話や雑談を行う会話エージェントの開発は、日常的に苦労なく会話をしている私たちの想像以上に困難な課題となる。

現状の雑談対話システムがどの程度の技術レベルであるかを知るために、**図5**に示す雑談対話システムとの対話例を見てもらいたい。ユーザー（人間）の発話に対して不適切な応答（「どこか行きませんか」というユーザー発話に対する「何か健康に気をつけていますか？」という質問）を返していたり、今までの会話の流れを無視して同じ発話（「あなたは夜更かしするほう？」）を繰り返したり、異なる話題の発話（「クロスオーバーとは何ですか？」や「マンガでプロになろうと思っていますか？」）を唐突に行ったりしていて、全体的に自然な会話が実現されているとはとてもいえない。現状の雑談対話システムは、まだこの程度のレベルなのである。

このように会話が破綻するような発話を頻繁に行ってしまうのは、現状の非タスク指向型対話システムにおける発話生成が場当たり的といえる手法に基づいているからである。その発話生成手法では、直前のユーザー発話の内容を大まかに推定して、その内容に関係する発話をツイッターなどの発言や人間同士の会話コーパスから選択・加工することでシステム発話を生成する。その際

【対話例 1】

システム：**こんにちはー。ちょうど退屈してたんだ。**
人間：どこか行きませんか
システム：**何か健康に気をつけてますか？**
人間：夜更かししないようにしています
システム：**あなたは夜更かしするほう？**
人間：たまにします
システム：**あなたは夜更かしするほう？**
人間：最近は早く寝ています
システム：**あなたは夜更かしするほう？**
人間：そうですね

【対話例 2】

システム：**こんにちは。音楽はどんなのを聴かれていますか？**
人間：洋楽を聴きます。
システム：**ジャズは、あんまりわかんないです…テナーサックスやってるんですよね？上手いんですか？**
人間：やってませんよ。でもジャズも好きです。
システム：**クロスオーバーとは何ですか？**
人間：わかりません。
システム：**最後に、マンガでプロになろうと思ってます？**
人間：マンガは描きません。
システム：**描きはしないです**
人間：子供の頃に真似事はしました。

図 5：現在の雑談対話システムとの対話例（対話破綻チャレンジ 2（[東中 2016]）での提供データから抜粋）

にユーザーの発話意図や今までの会話の流れは考慮しておらず、直前のユーザー発話で出現する単語をベースとする言語表現上の対応関係に基づいて、既存の発話を選択しているにすぎない。例えば、**図5**の対話例2において、「洋楽を聴きます」というユーザー発話に対してシステムが不自然な発話を行っているのは、会話の流れをまったく考慮せずに「洋楽」（もしくは「ジャズ」）というキーワードに表面上関係する発話を利用しているからである。さらに、システム発話の話題がジャズ、クロスオーバー、マンガと変わっていくのは、それらの話題の関連性などを考慮せずに、言語表現上でのつながり（ジャズで用いられる異ジャンルの音楽性や演奏方法を融合するという意味でのクロスオーバーと、スポーツマンガのタイトルとしてのクロスオーバー）のみからシステム発話を選択しているからである。最近では、対話コーパスを訓練データとして機械学習を行い、ユーザー発話に対して適切な応答発話を生成する試みも行われているが、会話を維持する能力に欠けるという点では、現状の手法と本質的に違いはない。現状の技術では会話を破綻させない発話を生成することは非常に困難であり、まずは対話が破綻しているかどうかを自動的に検出する試みが行われている段階である。

ここまで述べたように、自然な会話を実現するためには、深い意味理解に基づいてユーザーの発話意図を推測すること、会話の構造や流れを把握した上で適切な発話を生成することなど、難易度の高い処理が必須である。したがって、２０２５年までに私たちと満足に雑談できる人工知能の出現は期待できそうにない。残念ながら、鉄腕アトムのようなロボットと自由に会話ができる日はまだまだ遠い先のことである。

しかし、今までの議論はユーザーとシステムが対等に雑談を交わす（つまり、会話の主導権が自由に移り変わる）ことを暗黙の前提としている。一方で、私たちが雑談をする動機の1つに、自分の話を他人に聞いてほしいということもある。このような欲求を満たすための会話を対話システムと交わすということであれば、対話システムは聞き役に徹することができるため、対等の立場での雑談システムよりも実現可能性は高くなる。実はこのようなアプローチからの無目的対話システムとして、今から50年以上前に開発された「イライザ」というシステムがある。このシステムでは、パターンマッチングに基づく非常に単純な発話生成規則を利用して発話を生成する。発話生成規則は、キーワードごとに、ユーザー発話の満たすべき条件と生成する（複数の）発話パターンから構成されている。ユーザーの発話が与えられると、そこから抽出された最も注目すべきキーワードに関する発話生成規則の中で最も優先度の高い規則を選択して、その規則の発話テンプレートの空欄を埋めることによって発話を生成する。このような非常に単純な手法で実現された会話の例を**図6**に示す。この例を見て気付く読者もいると思うが、この対話はイライザがカウンセラー（心理療法士）であるとの状況設定で行われたユーザーとシステムの会話である。心理カウンセリングでは、カウンセラーは世の中の物事に無知であるようなポーズをとって聞き役に徹し、クライアントが積極的に語るのを促す。したがって、単純なパターンマッチングによる発話生成でも、あまり不自然な会話には見えない。自然言語処理の難しさとして指摘した深い意味理解の問題も、この特殊な設定によって巧みに回避されている。

さらに注目すべき点は、実際にイライザと会話をした人たちが、予想以上にイライザとの会話が自然であると感じ、その結果として感情的にのめり込んでしまったという事実である。イライザの開発者であるジョセフ・ワイゼンバウム氏は、自分の秘書がイライザと会話をしているときに部屋から出ていってほしいといわれたという逸話を語っている。彼の秘書に限らず、多くの人がイライザに対して非常にプライベートな内容の会話をしていたのである。これは、カウンセリングという特殊な状況設定のおかげで、知的とはいえない方法によって生成されたイライザの発話であっても、会話が自然であると感じるようにその発話意図をユーザーが勝手に推測した（もしくはカウンセラーとしてのイライザの発話意図を推測しなかった）結果であるといえる。自然言語処理技術が当時とは比べられないほど高度化された現在においても、このような状況設定をうまく利用することが自然な会話を行う無目的対話システムへの1つのアプローチとなり得る。メンタルサポートのために高齢者や認知症者の話し相手となる会話エージェントは、このようなアプローチに基づくことによって実現できる可能性が高い。

会話の状況設定の他に、自然な無目的会話を実現するための方策として、会話エージェントに個性や人物像を持たせることが考えられる。私たちが無目的会話をするときにも、会話相手がどのような人物であるかが分からないと、自然な会話を行うことができない。そこで会話エージェントに感情などの心的状態を表す内部モデルを与えて個性を実現することで、自然な会話が実現できるかもしれない。イライザのあとに提案された「パリー」という対話エージェントでは、イライザと同じようなパターンマッチングによる発話生成規則の他に、恐れとか怒りといった感情パラメータを設定し、ユーザーの発話によって感情を変化させることによって感情に依存した発話を生成している。パリーはパラノイア（偏執病）患者を模倣するというかなり特殊な対話システムであるが、精神医学の専門家が実際の患者との区別ができないほど

Men are all alike.（男は皆同じです。）

IN WHAT WAY（どんなふうに）

They're always bugging us about something or other.（いつも男はなんやらかんやらと私たちを悩ませます。）

CAN YOU THINK OF A SPECIFIC EXAMPLE（何か具体的な例を思いつきますか）

Well, my boyfriend made me come here.（ええと、私のボーイフレンドがここに来させました。）

YOUR BOYFRIEND MADE YOU COME HERE（あなたのボーイフレンドがここに来させたの）

He says I'm depressed much of the time.（私がほとんどの時間落ち込んでいると彼は言います。）

I AM SORRY TO HEAR YOU ARE DEPRESSED（あなたが落ち込んでいるのはとても残念です）

It's true. I am unhappy.（本当なんです。私は不幸です。）

DO YOU THINK COMING HERE WILL HELP YOU NOT TO BE UNHAPPY（ここに来ることで、あなたが不幸でなくなることの助けになると思いますか）

I need some help, that much seems certain.（私は助けが必要で、それは明白です。）

WHAT WOULD IT MEAN TO YOU IF YOU GOT SOME HELP（もしあなたが助けを得られたら、それはあなたにとってどのような意味がありますか）

図6：イライザとユーザーの対話例（[Weizenbaum1966] から抜粋。大文字で書かれた発話がイライザの発話。日本語訳は筆者による。）

の会話を実現している。

社会における自然言語処理

ここまでは自然言語処理に関する具体的なタスクのそれぞれについて、技術的な側面から、現状を紹介し、2025年までにどこまで実現可能なのかを述べてきた。以降では、これらの議論を踏まえて、社会における自然言語処理の役割や実現可能性について論じていく。特に、少子化・高齢化社会に伴う労働力減少や医療・介護・ヘルスケアへの応用、私たちの日常生活への浸透について、自然言語処理の役割や可能性・限界を論じる。

労働力不足への対応としての自然言語処理

日本における少子化に伴う労働力不足は将来的にますます深刻になってくる。少子化に対する有効な対策がそれほど実現されていない現在、経営者側としては労働力不足への対処策の1つとして、人工知能を労働の担い手とする期待は非常に大きい。また、労働の一部を人工知能で代替することにより、長時間労働の削減と適切なワーク・ライフ・バランスが実現していけば、労働者にとっても望ましい。

労働の担い手としての人工知能を考えるとき、自然言語処理技術に最も期待が集まっているのは、会話エージェントによる顧客対応であろう。例えば、消費者に対するサポートとしての各種問い合わせへの対応や、商品販売のサポートなどが考えられる。すでにこのような目的で会話エージェントやチャットボットを導入する企業も少なくない。その際の会話エージェントは多くの場合タスク指向型対話が中心となるので、2025年までに多くの企業での導入が進んでいくであろう。消費者側にとっても、

ＬＩＮＥなどのコミュニケーションツールで手軽に問い合わせが可能になるので、その利用は進んでいくと考えられる。しかし、これらの会話エージェントはあくまでも人間の補助としての役割にとどまり、コールセンターのオペレーターや店頭での販売員のような消費者・顧客に対応する役割を担う人が完全に人工知能に置き換わることは、２０２５年までには実現しそうにない。顧客対応の質は企業や商品のイメージに直結するため、人間と同等のレベルの会話能力、つまり深い意味理解が可能にならない限り、会話エージェントにすべての顧客対応を任せるのは非現実的である。特に、消費者は必ずしも対象とするタスクに特化した会話だけを行うわけではないので、非タスク指向型対話システムの現状を考えると、消費者のどのような発話にも適切に応答できる会話エージェントを作成するのは難しいといわざるを得ない。一方で、会話エージェントの新たな活用方法として、会議時間の削減のために、会議の進行を促したり収束に向けての補助を行ったりするファシリテータの役割を果たす会話エージェントが考えられるかもしれない。

　さまざまな文章の作成も人的コストのかかる業務であるため、文章の自動生成技術の活用が有効である。文章生成の項で述べたように、定型化しやすい文章（例えば、契約書などの法律文書や財務会計に関する報告書）は人工知能による自動生成で代替できるであろう。特にこのような文章の作成は、専門的知識が必要であるがルーティンワークであることが多く、結果として、専門的知識を持つ人たちの労働力が無駄になっていることも少なくない。しかし、専門的知識は常識などの一般的知識に比べて定型化しやすく、人工知能に導入することは比較的容易である。そして代替できれば、ルーティンワークに使っていた労働力を、より創造性が求められる他の業務に向けることができる。

　新聞社や通信社などの報道機関にとっては文章生成そのものが業務に直結するため、文章生成技術による報道・ニュース記事の自動生成は今後ますます導入されていくであろう。特に、客観的な事実を伝達するための文章は文章構造や内容が定型化しやすいため、このような特徴を持つ比較的短い記事の多くは２０２５年までに自動生成をベースとしたものに置き換わっていくと考えられる。一方で、客観的な事実だけではなく、それに対する意見や評価を述べるような文章（例えば、スポーツの試合結果の報告でなく、選手やコーチ、チームに対する評価などを解説する記事）は、人工知能による生成に置き換えることは難しく、せいぜい自動生成は人間の執筆者の補助的な役割にとどまると考えられる。また、読者はこのような記事に対して執筆者の個性を求めることもあるので、人間による記事執筆はなくならないであろう。

ビジネスのさらなるグローバル化に伴い、ますます需要が増していく翻訳作業は、機械翻訳によるコスト削減や作業の効率化が期待できる。特に、深い意味理解がそれほど必要にならない定型的な文章や特定の狭い分野に関する文書の翻訳は、２０２５年には実用レベルに達すると予想できる。しかし一方で、文単位の翻訳では文章全体の自然さが確保されない、細かい訳しわけが難しいといった問題があるので、多くの文書についてはあくまでも前処理としての利用にとどまることになるであろう。同時通訳などで求められる正確な翻訳は、会話全体の内容の把握や深い意味理解が必要となるため、実現は困難である。言うまでもなく、小説の翻訳や映画の字幕などの意訳が必要とされる翻訳も困難であり、将来的にも人手に頼らざるを得ないだろう。

商品開発や企業経営において、マシン・リーディングによる情報収集や消費者の動向調査などは必要不可欠なツールとなる可能性は高い。マシン・リーディングは人間の知的活動を代替するというよりも拡張する技術であるため、人間の労働力を補うために有効である。特にセンチメント分析は広い範囲での活用が期待でき、行政における政策や制度設計のための基礎データも提供できるであろう。ただし、意志決定や経営判断に本格的に利用できるようになるためには、情報収集や動向調査の結果を提示するだけではなく、なぜそのような結果になったのかを説明できる機能が必要である。これは人工知能全般にいえることであるが、中身がブラックボックスのままだと結果の妥当性を判断できないことがあるので、結果に至る道程や論理を自然言語で説明できることが望ましい。そのためには自動要約や文章生成などの技術の発展が必須であるが、残念ながら２０２５年までには部分的な実現にとどまると思われる。

医療やヘルスケアのための自然言語処理

今後ますます深刻になるであろう社会の高齢化に向けて、いくつかの点において自然言語処理技術を用いた支援が可能である。最も期待されるのは、高齢者のヘルスケアやＱＯＬ向上のための対話技術である。高齢者人口の増加に伴い、高齢者のサポートを行う労働力の確保は急務であり、ロボットなどの人工知能による支援が考えられている。その際、人工知能が高齢者の生活に自然に溶け込むためには、会話を行うことができるかどうかは非常に重要である。完全に対等な雑談を交わすシステムは困難であるとしても、高齢者の話し相手、つまり聞き役としての対話システムはある程度の実現が可能であると思われる。このような聞き役エージェントは、高齢者の孤独感を癒やす効果を期待できるとともに、日常生活での会話を通じて、認知症などの兆候の早期発見にも貢献できる。

ただし、将来的に対話処理技術が向上して自然な会話が可能になったとしても、高齢者サポートのための人工知能はあくまでも補助的な役割にとどまるであろうし、とどめるべきである。高齢者にとって最も望ましいのは、家族や介護福祉士・ホームヘルパーなど、人間とのコミュニケーションであり、これをすべて人工知能で置き換えることはすべきではない。また、補助的な役割としての会話エージェントにおいても、高齢者の家族を模倣した個性や声質を持つ会話エージェントなどの開発が、今後は重要になってくると思われる。

高齢者に限らない一般の人々に対しても、対話エージェント技術を用いたメンタルヘルスのケアは進んでいくと思われる。米国ではカウンセラーによるカウンセリングが日常生活に浸透しており、メンタルヘルスの自己管理のために多くの人が気軽にカウンセリングを受けている現状がある。一方で、日本ではカウンセリングそのものに対する心理的な抵抗感が強く、メンタルヘルスの維持のためにカウンセリングを利用するという状況にはなっていない。よって、専門家によるカウンセリングのレベルではないにしても、気軽に身の上話や相談をすることができるパーソナル会話エージェントが生活に浸透することは十分にあり得る。上手な聞き役に徹する会話エージェントであれば、技術的にも2025年までに実現可能であるかもしれない。また、日本ではカウンセリングに代わるものとして、いわゆる「新宿の母」のような占い師による対面相談に一定の需要があるので、対話によって占い相談のできるエージェントなども考えられる。さらには、自閉症スペクトラムやPTSDなどの人たちの心理療法の一環として会話エージェントを利用する研究も開始されており、将来的に普及していくかもしれない。

センチメント分析などのマシン・リーディング技術も、さまざまな精神疾病の早期発見などへの臨床応用が期待できる。実際に、SNSへの投稿などの文章から、その書き手の抑うつ傾向や自殺リスクを推測するといった研究が開始されており、専門家の診断の補助としての利用は可能になると思われる。

幸福感の高い生活に向けての自然言語処理

私たちの日常生活にすでに浸透している情報検索や音声アシスタントは、マシン・リーディングやタスク指向型対話技術の進展に伴って、現状と同じ利用法を考える限りは、大きく性能が向上するであろう。また、アマゾンエコーやグーグルホームなどのスマートスピーカーを始めとした家庭向けIoTでは、従来の情報検索・情報推薦に比べて結果を端的に提示することが求められるが、これらも質問検索技術などによって十分な性能が得られると考えられる。

Ｓｉｒｉなどの音声アシスタントも、タスク指向型対話やマシン・リーディング技術の向上によって、ほぼ正確にユーザーの要求する動作を行うことが可能になるとともに、タスクを指向しない無目的・雑談会話への対応も進んでいくだろう。しかし、２０２５年までには、完全な雑談対話の実現は難しく、メンタルヘルスケアのための聞き役に徹した対話システムとの融合などが現実的な方向性だと考えられる。

ＬＩＮＥなどのアプリのチャット機能を利用したチャットボットによる幅広いサービスも大きく普及していくと予想できる。現在でも、顧客対応に向けたさまざまなチャットボットサービスが開始されており、２０２５年にはチャットボットを利用した簡単な問い合わせは日常的に行われるようになるであろう。さらに、法律相談や医療診断などの、専門家との対面会話が必要である分野でも、初期的な相談を行うことのできるチャットボットが普及していくものと思われる。すでに、不適切な交通違反切符に対する異議申立書の生成を行ってくれるDoNotPayのようなチャットボットによって実際に違反切符の撤回に成功しているなど、一定の可能性が示されている。

機械翻訳や音声翻訳の性能はますます向上することから、グローバル・コミュニケーションによる私たちの日常生活の活動範囲も広がることが期待できる。すでにある程度実現されているように、文章の概要を把握するといった目的での翻訳であれば完璧な精度は必要ないため、機械翻訳に任せることが可能になる。また日常会話であれば、リアルタイムでの音声翻訳によって意思疎通を図ることが可能になると考えられる。異なる言語を話す人たちと自由に会話できる日はそう遠くない。

しかし同時に、これらの自然言語処理技術の発展に際して気をつけなければいけない分野として、教育が挙げられる。マシン・リーディングの発展によって、簡単にさまざまな情報を入手できるようになった現在、教育的な観点からすると、それらをむやみに利用することは必ずしも望ましいこととはいえない。最近では、夏休みの自由研究課題や読書感想文などの小学生の宿題を、情報検索を用いて手軽に済ませることが可能であり、実際にそのような傾向にあることは嘆かわしいことである。このような技術を有効活用するためのリテラシー教育を行うとともに、雑多な情報を目的に応じて整理・構造化する能力やそれに伴う論理的思考能力を身に付けさせるために、自然言語処理技術がどのように貢献すべきかを考えていく必要がある。例えば、このような能力を養うための教材の自動生成や情報検索結果の提示方法の検討などは、あり得る方向性の1つであろう。また、教育的な観点からある種の情報をフィルタリングするために自然言語処理技術が活用できる。例えば、現状ではブラックリストを指定することによって実現されているが、有害サイトのフィルタリングの自動化にマシン・リーディング技術を利用することが可能である。有害サイトに限らず、大人が指定した特定の種類のサイトや情報を検索結果から自由にフィルタリングするシステムなども考えられる。

●参考文献

1 ［東中２０１６］東中 竜一郎、船越 孝太郎、稲葉 通将、荒瀬 由紀、角森 唯子「対話破綻検出チャレンジ２」、人工知能学会研究会資料 SIG-SLUD-B505-19、pp. 64–69 (２０１６)

2 ［Manning2015］Manning, C. D., "Computational linguistics and deep Learning", *Computational Linguistics*, Vol. 41, No. 4, pp. 701–707 (2015)

3 ［Weizenbaum1966 ］Weizenbaum, J., "ELIZA—A computer program for the study of natural langugae communication between man and machine", *Communications of the ACM*,Vol. 9, No. y1, pp. 36–45 (2966)

第5章

人工知能における感性

坂本　真樹
電気通信大学大学院情報理工学研究科教授
人工知能先端研究センター教授

感性とは？　人工知能で扱うことの難しさ

急速に発展した人工知能が得意としている対象は、正解・不正解がある「知識」に該当するようなものである。正解・不正解があるものは、学習すれば獲得できるが、「感性」には正解・不正解がない。

大辞林第三版を参考にまとめると、「感性」とは、外界の刺激に応じて、知覚・感覚を生ずる感覚器官の感受能力であり、人間の身体的感覚に基づき物事から感じる能力である。人が行う認知情報処理は、単純化すれば**図１**のように描ける。

人は外界のモノについて、聴覚、視覚、触覚、味覚、嗅覚といった五感を通して知覚し、何かを感じて、好き嫌いといった感情を持ったり、購入するに値するかどうかといった価値判断を行ったりする。現在の人工知能は、この処理の流れの最初の部分、「外界のモノが何であるか」を高精度かつ高速に認識できるようになっただけである。ただし、この認識能力においては、聴覚的な情報については高性能マイク、視覚的な情報については高精度カメラに支えられ、人には知覚不能な微細な認識を人では不可能なほどの速さで行えるようになっている。

しかし、同じモノを見たり、聞いたり、触れたりしても、そこから何を感じるか、好きと思うか嫌いと思うか、価値を感じるか、といったことは人それぞれで、正解・不正解はない。そのため、人のような身体や感覚器官を持たない人工知能に、何を、どのように学習させたらよいかは、そのモノが何であるかを学習させる場合より、はるかに難しい。

それでは人工知能において「感性」は対象外となるのか、というとそういうわけにはいかない。人に寄り添い、人を強力に支援し、人と共生する人工知能を作るためには、「感性」は無視できないのである。そのため、世界中の人工知能研究が、感性の領域に乗り出している。ＩＢＭのワトソン（Watson）に関

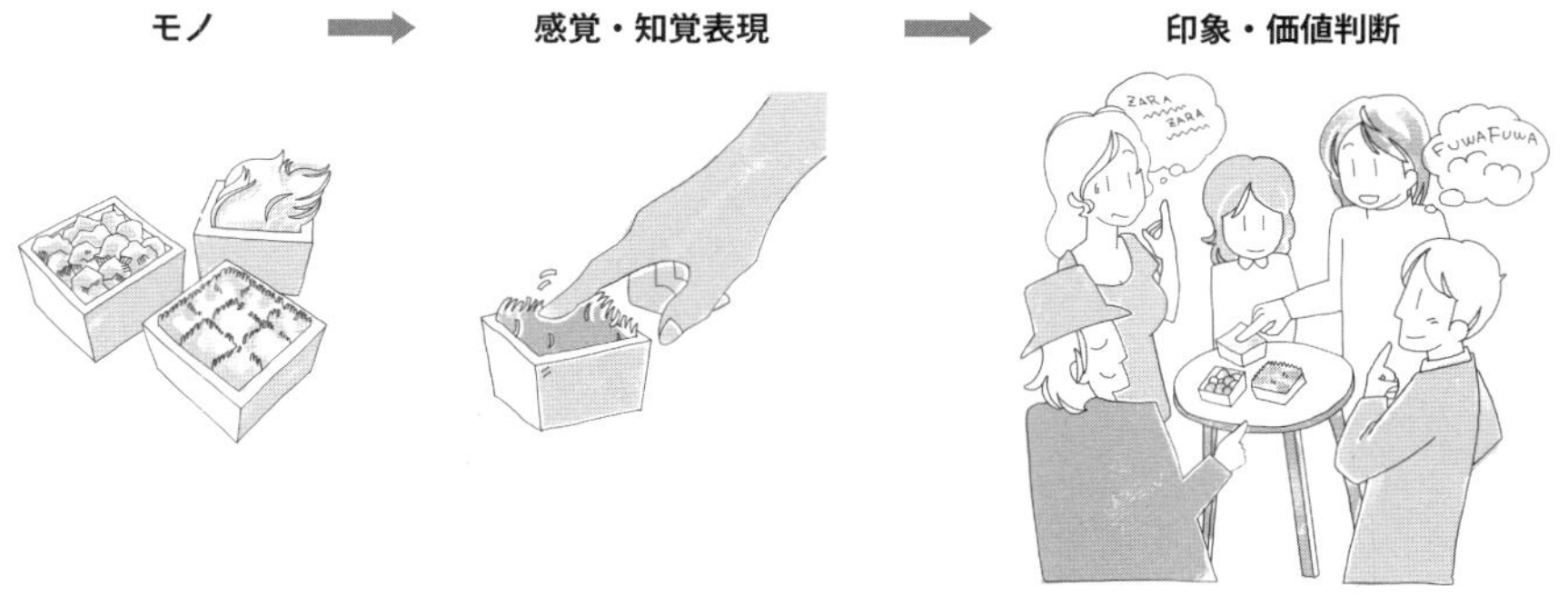

図１：外界のモノ⇒五感（何らかのインターフェース）を通して知覚⇒感情・価値判断

するホームページでも、「1人に1台の人工知能で〃感性〃をネットに接続する時代が来る」という記事が書かれている。

さて、人工知能で感性を扱おうとする場合、**図1**に示した人の認知情報処理の流れを考えると、知覚・感覚を生じる感覚器官、身体的感覚が必要になる。将棋や囲碁のようなゲームのための人工知能だけを考えれば、ソフトウエアだけがあればよく、身体のようなものは必要ないかもしれない。しかし、もし、人同士が対局するときに生まれる感覚を共有し、碁石をパチッと碁盤に置くときの音や指から伝わる感覚も人工知能に取り込み、人と同じような感性を持ってゲームを実行させようとするなら、身体のようなものは必要であろう（知能の創発に身体が必要であるという考え方は身体性と呼ばれる）。また、ポーカーのような、相手がうそをついているかどうかなど、心理を見抜いてゲームを進めるようなゲームにおいては、感情を読む能力も必要だ。では、人が五感、身体を通して知覚する情報を人工知能に取り込むにはどうしたらよいであろうか。

システムとしての人工知能と外界をつなぐ五感のチャンネルのうち、視覚は、高精度なカメラや、リアルタイムに情報を取り込めるセンシング技術が発達しているので、ロボットのような身体にカメラを取り付ければよい。聴覚も、音声認識技術が発達しているため問題ない。嗅覚も味覚も、好みなどを考慮しなければ、センサーが開発されているので取り込むことはできるかもしれない。しかし、触覚的な情報はどうか。触覚は外界とのインタラクションにおいて重要なインターフェースであり、手触りは、論理というよりも、人の身体から生まれる生の感覚で、例えば指の変形から生じる肉体的な経験である。このような感覚は身体を持たない人工知能に取り込むことは難しいとされており、アンドロイドなどのロボット研究との連携が必要になる可能性がある。別の可能性としては、人間が何かに触れたときに「さらさら」「ざらざら」といったオノマトペ（擬音語・擬態語の総称）で表現するという性質を利用して、物理的世界と知覚と感性を結びつける情報として人工知能に取り込む、という可能性もある。

人工知能が「感性」について、２０２５年時点で、何はできるようになり、何はなかなかできそうにないかを考えるにあたり、次の３つのレベルに分けてみたい。まず「人工知能が人の感性を理解するレベル」、次に「人工知能が感性を持っているように人が感じるレベル」、そして「本当に人のように人工知能が感性を持つレベル」である。当然、この順番に難易度は上がる。

人工知能は人の感性を理解できるか

人の表情などから基本的な感情を理解する

人工知能は人の顔など、画像認識は得意で、近年その精度は急速に高まった。顔画像から特徴を抽出することで識別する。顔のパーツの相対位置や大きさ、目や鼻、ほお骨、あごの形などの特徴を使って、個々の顔の識別ができる。最近は見えない部分も考慮した3次元顔認識や、画像からしわやしみなど皮膚の特徴を特定して数値化する少し怖いものまである。一般の人が使っている画像管理ソフトウエアにも顔認識機能が組み込まれており、同じ人物が写っている写真を抜き出すことができるほど便利になっている。オープンソースライブラリも、グーグルのフェイスネット（FaceNet）を基にしたオープンフェイス（OpenFace）を始め、最新の顔認識・物体認識サービスが各社から提供され、ＡＰＩを通して簡単にアプリケーションへ組み込むことができるようになっている。人工知能の顔認識能力が高まったことにより、人が行ってきた対人サービスも人工知能が代行し、社会で実際に活用されている。「変なホテル（注１）」では顔認証キーが導入され、アメリカのＪＦＫ空港ではＮＥＣの顔認証システム「ネオフェイス・ウォッチ（NeoFace Watch）」が採用されて本格稼働したという新聞報道もされている。ＮＥＣによると、米国国立標準技術研究所（ＮＩＳＴ）が実施した動画顔認証技術のベンチマークテスト（ＦＩＶＥ）で、照合精度99・２％と他社を大きく引き離し第１位の性能評価を獲得したという。この技術を活用すれば、カメラを意識せずに動いている被写体の顔をリアルタイムに認証し、例えば監視カメラの映像を高速に解析することができる。

顔の識別からさらに進んで、最近は、顔の動きを捉え、人の感情を推定しようという研究が盛んになっている。

心理学や精神病理学などの分野では、ＦＡＣＳ（Facial Action Coding System）と呼ばれる表情理論がある。ＦＡＣＳは、表情を形成する筋肉の動きから、顔の動きを分析したり自然な表情をアニメーションなどで再現したりすることに応用されている。表情と感情がリ

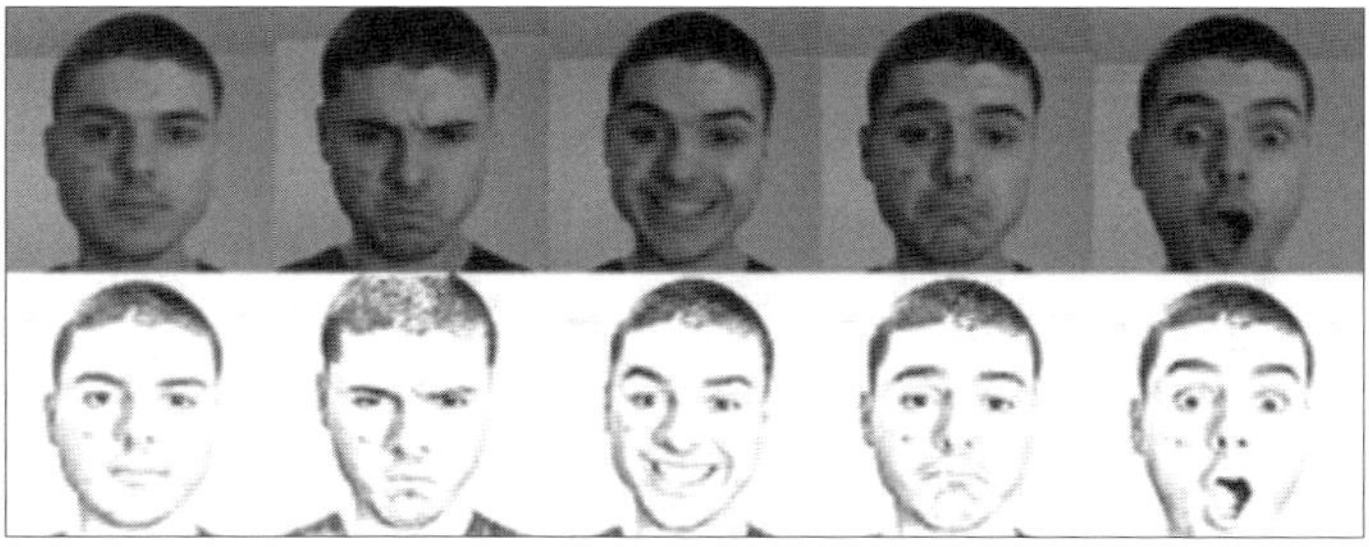

図２：普通、嫌悪、喜び、悲しみ、驚きを表した顔画像

（注１）http://www.h-n-h.jp/

ンクしているということに着目し、近年では最新の人工知能技術であるディープラーニングを使って顔画像から感情を推定する研究が行われている。ＥｍｏＮｅｔｓ（Multimodal deep learning approaches for emotion recognition in video, DOI: 10.1007/s12193-015-0195-2）には、顔画像から７つの表情（驚き、恐れ、嫌悪、怒り、喜び、悲しみ、普通）に分類したデータセットが報告されている。

顔画像をディープラーニングで感情分類する研究にも、画像認識で成績の良いコンボリューショナル・ニューラル・ネットワーク（Convolutional Neural Networks）を使った手法が使われる。筆者の研究室でも、画像を処理する研究でこの手法を使っている。ただし、表情認識は、誰の顔かを識別する場合よりも難しく、ポジティブな感情では80％以上の分類率を達成しているが、怒っているのか、怖がっているのか、嫌悪感を表しているのか、といった表情の識別は難しい。確かに、怒っているのか、怖いと思っているのか、人間が見ても判断するのが難しいことは多々あり、話さないと誤解が生じることはあるため、人工知能でも困難なのは当然といえる。とはいえ現在のところ、ロボットが人の感情を理解しようとする場合、ロボットに搭載されたカメラから取得した人の表情を使う方法が主流である。その他、心拍や血圧などの生体信号から感情を理解しようとする研究もある。

さらに、テキストから感情を推定する技術開発も行われている。テキストからの感情推定は自然言語処理分野で昔から研究が盛んで、ポジティブな意味を持つ単語や、ネガティブな意味を持つ単語を特定して分類させるという方法がとられてきたが、同じ単語でも文脈によって伝えたい感情は変化することから極めて難しい問題である。確かに、メールから相手が怒っているのかどうかは分かりにくく、人間同士のやり取りでもしばしば誤解が生じる。この状況において、テキストから感情を読み取ろうとする取り組みで多いのは、商品レビューやツイッターのようなコンシューマー・ジェネレイティッド・メディア（consumer generated media, CGM）を対象としたものであり、マーケティングでの有用性から言語処理での一大分野となっている。書き手の感情を推定するために、絵文字やツイッターのハッシュタグをメタ情報として用いるといった方法もとられている。

これに対して、テキストが音声化されると用いることのできる情報が増える。感情によって影響を受ける音声の音響的特徴としては、韻律的特徴（F0変化パターンや強度変化パターン、話す速度など）、音源由来の声質パラメータ（F0や強度に加え、咽頭雑音、声門開放率、スペクトル傾斜など）、声道由来の声質パラメータ（フォルマント周波数、フォルマント声域幅）などがある。音響的特徴で基本的な感情分類を一般化するには至っていないようであるが、覚醒—睡眠次元はF0や強度などの音響的特徴に強く反映されるといったことは知られている。合成音声に感情を付与する研究もあるが、それについては人が人工知能に感性を感じるレベルのところで紹介する。

対面コミュニケーションでは、テキスト情報や音声情報に加えて、前述した表情、さらにはジェスチャー、心拍や血圧などの生体情報といったマルチモーダルな情報も使うことができる。情報が複雑で多いというのは一見大変そうではあるが、情報量が多いことは人工知能にとっては利用できる情報が多いということになるため、このペースで研究が進めば、人工知能が人の感情を理解することは２０２５年までには実現するはずである。

オノマトペに表れる感性を用いる

表情や言葉から基本的な感情を読み取れるようになることについて紹介してきたが、筆者は、五感を通した知覚やその結果感じる快・不快といった感性まで捉えるために、オノマトペに着目した研究を行っている。

人の感性を評価する方法として、意味微分法（ＳＤ法、Semantic Differential method）が世界中で最も多く用いられている。ＳＤ法は、言語の心理的研究のために考案された、概念や対象の持つ感情・情緒的反応を定量的に評価するための手法である。「明るい―暗い」など対立する形容詞対で構成された評価項目を用いて、人の感覚的印象を5段階ないし7段階の尺度上に評定する。例えば触覚の研究では、被験者がさまざまな素材に触れた際に感じた質感を、あらかじめ実験者が設定した素材の物理特性に基づく形容詞対を用いて評価し、その結果に対して因子分析や主成分分析、多次元尺度構成法などの多変量解析を行うことで、モノから人が感じる質感次元の抽出が行われてきた。しかし、人は、日常触れるさまざまなものの質感をこのような評価項目ごとに分析的に感じているのではなく、「ふわふわして気持ちいい」「べとべとして気持ち悪い」といったオノマトペで、短く直感的に表現することが多い。

従来の形容詞対を用いた感性評価方法に対するオノマトペの優位性を調べるために、共同研究者の渡邊淳司氏（ＮＴＴコミュニケーション基礎研究所）と共に、触素材40種に対し、30人の被験者が触り心地を表現したオノマトペと形容詞の種類を比較するという実験を行った。被験者に、穴のあいた箱に手を入れてもらい、視覚を遮断した状態で、利き手の人さし指の腹で素材の表面を〝なぞる〟と〝押す〟という2つの動作で触れてもらった。その結果、被験者が表現したオノマトペは延べ１１９１語、２７９種類の表現が見られた。それに対し、形容詞は延べ１１０１語、１２４種類の表現が見られた。得られたオノマトペの種類数と形容詞の種類数を比較するため、比率の差の検定を行ったところ、有意にオノマトペの種類のほうが多いという結果が得られた。また、各被験者が40素材に対して想起したオノマトペの個数は平均21・7個であったのに対し、形容詞は15・6個でオノマトペのほうが統計的に有意に多かった。これらのことから、形容詞よりもオノマトペを用いたほうが、素材ごとの触覚評価の違いを多様に表現できることが分かった。

このような背景から、人の感覚、特に快・不快といった感性的な次元までを捉えるためにもオノマトぺは有用である。

オノマトペについては、昔から言語学や心理学において盛んに研究が行われている。。一般的に言語の持つ音と言語によって表される意味の関係は言語共同体ごとに恣意《しい》的に決められたもので、所定の動物を「犬」と呼ぶか「dog」と呼ぶかについて、特段の理由があるわけではない。一方、言語表現の中には、音韻や形態と意味の間に何らかの関係性が見られる場合があり、音象徴性（Sound symbolism）、あるいは五感との共感覚的な結びつきがあることから音共感覚（Phonaesthesia）と呼ばれている。音象徴性については、言語学において、古くから欧米を中心に研究が盛んに行われている。例えば、エドワード・サピア（Edward Sapir）は、１９２1年の研究で、英語の無意味語を構成する音韻から様態が連想される可能性について調査を行っている。無意味語であるマル（mal）とミル（mil）にそれぞれ同一の「机」という意味を与え、被験者にどちらが大きい机であると感じるかを選択させており、その結果母音/a/を含む「mal」のほうが大きいと感じるという結果を報告している。また、心理学では、ブーバ・キキ効果（Bouba/Kiki effect）として有名な、言語の持つ音と図形の視覚的な印象の間に発生する連想が言語的背景によらず一定であるとする実験結果も報告されている。このように、音象徴性は、言語・文化を超えて一定の普遍性を持つものがあることが分かっている。

日本語のオノマトペは、音象徴が体系的であり、特定の音や音の組み合わせが語中の箇所によって特有の音象徴的意味を持ち、語の基本的な音象徴的意味は、その語を構成する音から予測できるとされる。例えば、「パンと張る」「ピンと張る」といった場合、/a/は平らさや広がりという印象と結びつくため、ハンカチのような平面的な広がりを持つものを張るイメージになるが、/i/は一直線に伸びるような線的な意味と結びつくため、糸のような線的なものを張るイメージになる。

筆者は、このような音象徴性が、五感を通して知覚した刺激に対する質感認知に伴い刺激への情動反応が生じ、価値判断や意思決定がなされる情報処理機能においても観察されることについて、渡邊氏らと実験を通して示してきた。

触覚については、例えば、30名の被験者を対象に、さまざまな触素材に触れたときの感覚をオノマトペで表現してもらうとともに、快・不快の評価（プラス3からマイナス3の7段階）をしてもらう実験を行った。実験では、布、紙、金属、樹脂などの50素材に対して、1500通り（50素材×30名）のオノマトペと快・不快評価値の組み合わせが得られた。回答されたオノマトペの形式は、2モーラ（日本語の拍）音が繰り返される形式（例えば「さらさら」では、「さ」が1モーラ目、「ら」が2モーラ目となる）が1268通りで全体の84・5％を占めた。分析では、2モーラ音の繰り返し形式の表現を対象に、感覚イメージと関連が強いとされる第1モーラ母音と第1モーラ子音について、その音韻を使用したときの素材の評価値が、1268語の評価値の平均（0・38）と有意差があるかを調べた。その結果を**表1**に示す。母音では、/u/と/a/が快（評価値が正）と有意に結びついた。/i/と/e/は使用数が少ないが、有意に不快と結びついた。子音では、/h/、/s/、/m/、/t/が有意に快と結びつき、/z/、/sy/、/j/、/g/、/b/が有意に不快と結びついた。

味覚についても同様の実験を行った。例えば、20名の被験者にさまざまな味やテクスチャーの24種類の飲料を飲んだときの感覚をオノマトペで回答してもらうとともに、快・不快を7段階で評価してもらう実験を行った。実験では、おいしいと想定される市販飲料6種類（コーラ・緑茶・野菜ジュース・スポーツドリンク・牛乳・コーヒー）をベースとし、それらにしょうゆを混ぜておいしくないと想定されるもの6種類を用意した。また、市販飲料6種類に水を混ぜたものと炭酸水を混ぜてテクスチャーを変えたものも用意し、計24種類を実験刺激として用いた。24種類の実験刺激に対し20名が最初に回答したオノマトペ合計480個を調べたところ94・3％の453個が繰り返し型であった。この453個を対象に、触覚実験の場合と同様に、音韻別に検定を行い、全体平均に比べて評価値が有意に高いものと低いものを解析した結果、味や口触りの快・不快評価が、用いられるオノマトペの音韻に反映されるということが分かった。/a/、/h/、/s/、/sy/が快評価と結びつき、/i/、/d/、/z/、/g/、/b/が不快評価と結びつくなど、触覚の実験結果とほぼ同様に、全体的に清音が快評価と結びつきやすく、濁音が不快評価と結びつきやすいことが分かった。つまり、人が五感を通して知覚し、そこから感じたことは、オノマトペの音に反映されることが実験により示されている。

表1：音韻と触覚や味覚の快・不快評価との対応

音韻	触覚	味覚	音韻	触覚	味覚
/u/	快	快	/t/	快	中立
/a/	快	快	/n/	不快	不快
/i/	不快	不快	/z/	不快	不快
/e/	不快	不快	/j/	不快	不快
/h/	快	快	/g/	不快	不快
/s/	快	快	/b/	不快	不快
/m/	快	不快			

オノマトペで微細な感性を数量化

オノマトペは、任意の対象の物音や動き、様子を感覚的に表現したものであるため、システムに感覚的な指示を与えられる、といった魅力などから、2015年頃から、人工知能分野でもオノマトペを活用しようとする研究が行われるようになってきた。多くの研究は、ロボットの動きなど特定の目的を工学的に達成しようとするものであったが、オノマトペは、「ふわふわ」のように慣習的に知識として獲得される側面だけでなく、「ふわふわ」では表せない感覚を表したいという欲求から「もふもふ」という言葉まで生み出す、人の創造的な知能、人の情動と関わる面白さがある。人が五感を通して感じた微細な印象の違い、快・不快といった感性が表されるという特長がある。例えば、乾いているという触覚を通して知覚される情報を表し得るオノマトペは「さらさら」「かさかさ」「がさがさ」など多数あるが、気持ちいいという感情と結びつく傾向があるのは「さらさら」であり、あまりよくない乾いた感が表される傾向があるのは「かさかさ」、それがより強いのは「がさがさ」など、類似するオノマトペ表現同士には細かい差異がある。

そこで、五感、感性、感情まで、オノマトペで表される豊かな情報を数量化するシステムについて紹介しよう。このシステムでオノマトペを解析することで、人がモノから知覚し、感じたこと、感情まで推定することができる。

このシステムの基本技術は、任意のモーラ数を持つオノマトペ表現が表す印象を予測することを可能にするものである。詳細は割愛し、ここではシステムの概要を紹介する。「明るい－暗い」、「湿った－乾いた」、「快適－不快」、といった43対の評価尺度で、ユーザーが入力した任意のオノマトペで表される感性印象を定量化するシステムとなっている。オノマトペは「子音＋母音＋（撥音・拗音など）」という形態で記述できる。子音の部分から濁音・半濁音および拗音を分離し、例えば「か・きゃ・が・ぎゃ」はいずれもカ行であるというように、複数の音韻を子音行ごとに集約したカテゴリを「子音カテゴリ」とする。母音やその他の音韻特性についてもカテゴリを定義している。これによりオノマトペ表現を１モーラ目・２モーラ目ごとに「子音＋濁音・半濁音＋拗音＋母音＋小母音（アイウエオ）＋語尾（撥音・促音など）」といった形式で記述できる。（１）の式により、これら各音韻特性の印象の線形和として、オノマトペ全体の印象予測値が得られる。

$$\hat{Y} = X_1 + X_2 + X_3 + \dots + X_{13} + Const. \quad \cdots\cdots\cdots (1)$$

ここで、$\hat{Y}$はある評価尺度の印象予測値、X_1～X_{13}は各音韻特性のカテゴリ数量（各音韻特性が印象に与える影響の大きさ）を表す。X_1～X_6はそれぞれ１モーラ目の「子音行の種類」、「濁音・半濁音の有無」、「拗音の有無」、「母音の種類」、「小母音の種類」、「語尾（撥音「ン」・促音「ッ」・長音「ー」）の有無」

の数量である。またX_7～X_{12}はそれぞれ2モーラ目の「子音行の種類」、「濁音・半濁音の有無」、「拗音の有無」、「小母音の種類」、「母音の種類」、「語尾（撥音・促音・長音・語末の「リ」）の有無」の数量である。X_{13}は「反復の有無」の数量、*Const.* は定数項を表す。あらかじめ、すべての音韻を網羅する312個程度のオノマトペの印象を被験者に評価してもらう実験により、オノマトペを構成する各音韻特性がオノマトペの印象に与える影響の大きさを表す「各音韻特性のカテゴリ数量値（評価尺度43対ごとのX_1～X_{13}）」を調査しておくことで、あらゆるオノマトペの印象評価値を推定する技術である。被験者実験で得られたオノマトペの印象評価の平均値を目的変数として、数量化理論I類という統計的手法によって説明変数である各音韻要素のカテゴリ数量を評価尺度ごとに算出することで得られる音韻と印象値のデータテーブルが鍵となる。

印象予測モデルとカテゴリ数量の精度を評価するために、43対の評価尺度での実測値と予測値の間の重相関係数を算出した結果、評価尺度43対のうち13対で0・9以上、残りすべての30対で0・8以上0・9未満となり、被験者の実際の評価を非常によく推定できるモデルであることが示された。つまり、300語程度の限られた数のオノマトペを用いた心理実験から、慣習的なオノマトペのみならず新規に作成された任意のオノマトペの印象まで推定することを可能にした。**図3**と**図4**はシステムの出力の具体例である。**図3**は、やわらかい手触りを表す際に用いられる「ふわふわ」の出力結果である。**図4**は、「もふもふ」という近年新しく生まれたオノマトペの出力結果である。「もふもふ」は猫などの動物の毛の感じを表す新語で、やわらかいという点では「ふわふわ」と共通しているが、暖かさがより強く表されている。

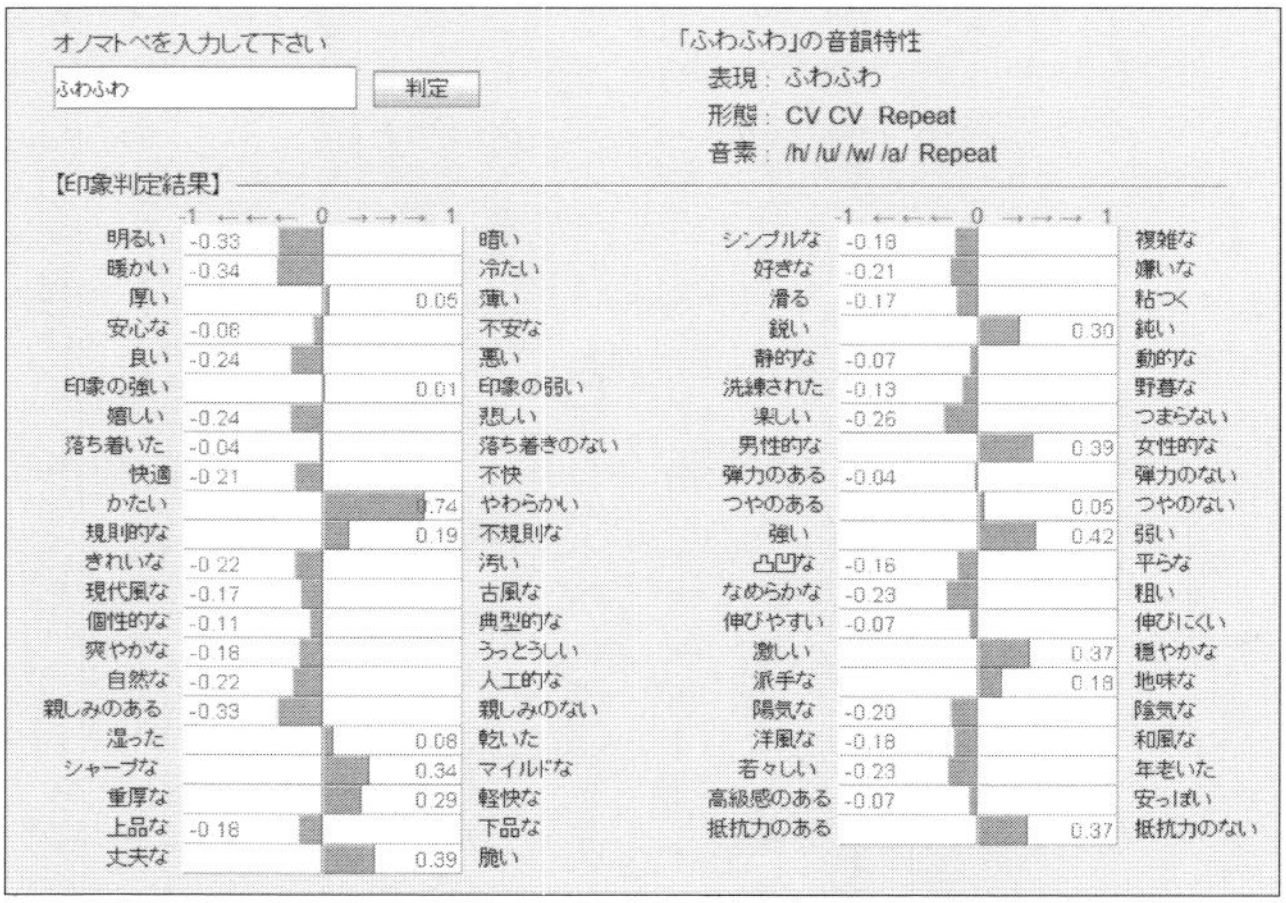

図３：「ふわふわ」の出力結果

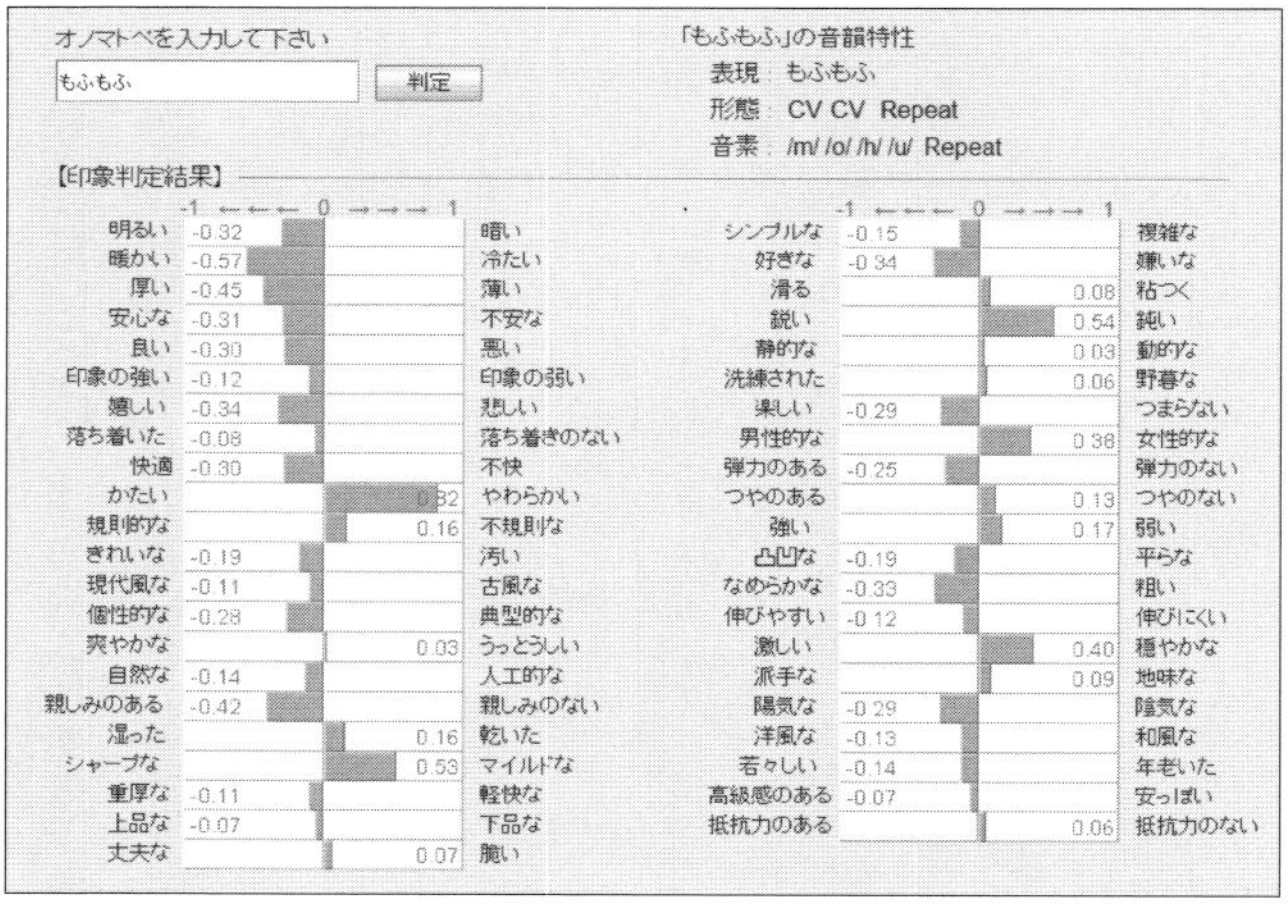

図４：「もふもふ」の出力結果

このシステムを用いれば、直感的な一言のオノマトペから、その人が感じていることをロボットが理解することなどが可能である。

さらに、痛みのような主観的な感覚についてロボットが理解することを可能にするシステムも開発されている。日本人は痛みを言い表す際に、「ずきずき」や「がんがん」といったオノマトペを多用する傾向にある。特に、がんの疼痛のような痛みを表す際に用いられるオノマトペは新奇性のあるものが多く、それによって表される痛みを把握することは1つの研究領域となるほどである。病院に行くと、「あなたが今までに経験した最も強い痛みを10とすると、今回の痛みの強さはどの程度ですか？」と聞かれることがある。しかし、虫歯のような神経に響くような痛みとおなかを壊したときの締め付けられるような痛みでは、痛みの「質」が違うため、痛みの「強度」だけでは比較できない。それに対しオノマトペには、痛みの強度と深さや広がりなどの質が同時に表される。

そこで、前述のオノマトペの意味を数量化するシステムの医療版を構築した。このシステムは、人が痛みを表す際に用いるオノマトペから痛みの強度と質を数量化し、人が感じていることを機械的に理解する。「ぜろぜろ」など、個人差から生じる微妙に異なった表現などすべてに対応可能なシステムとなっている。痛みの強度と質を数量化してみると、私たちが使うオノマトペには微細な痛みの情報が表されていることが分かる。このように目に見えない心身の痛みをロボットが理解できることは、病院などで介護支援をするロボットの実用化において重要であると思われる。

医療現場の医師や看護師へのヒアリングにより、オノマトペから取得したい情報として、痛みの強度や質に関する35種類の評価尺度を選定した。詳細は２０１３年のバーチャルリアリティ学会論文誌掲載論文にあるが、１２０名の被験者から得られた24万７８００個のオノマトペの印象評価データを基にしている。被験者が実際に回答したオノマトペの印象値と構築したシステムによって予測されたオノマトペの印象値の重相関係数は、35個の評価尺度のうち、21個の尺度で0・8以上0・9未満、14個で0・9以上であり、精度の高いシステムが得られた。

その後、35個の尺度のうち特に重要な8尺度に限定し、痛みを表す際にオノマトペと一緒に用いられることの多い「ハンマーで殴られたような」といった比喩と結びつけることで、より痛みの理解が可能になるようにした。オンライン上の概念辞書『WordNet』を基に、8種類の痛みの尺度と比喩の関連度を推定できるようにした。

システムの出力結果例を**図5**と**図6**に示す。

複数の医師にオノマトペを入力した際のシステム結果を見て、オノマトペの印象と、システムの出力結果の比喩候補に妥当性があるかヒアリング調査を行った。対象としたオノマトペは、ガンガン、キーン、キリキリ、グリグリ、ズーン、ズキズキ、ズキン、チクッ、ビリッ、ヒリヒリである。調査の結果、すべての刺激オノマトペについて、提示した比喩表現は妥当である

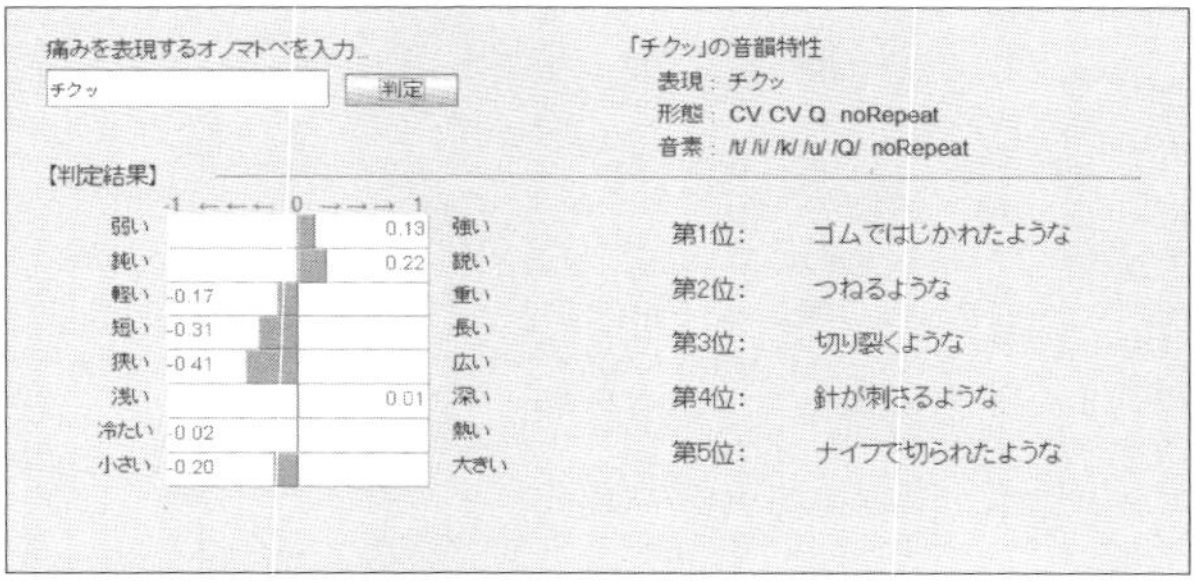

図５：「チクッ」の出力結果

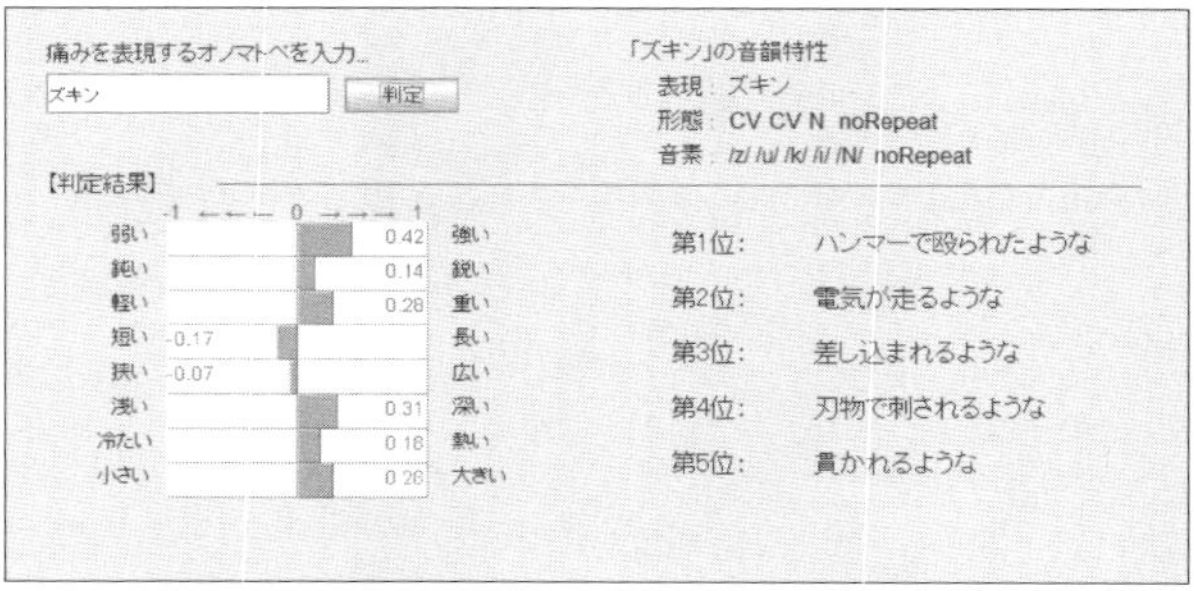

図６：「ズキン」の出力結果

と判断された。必ずしも1位の比喩表現としてオノマトペの印象と合致した比喩表現が提示されているわけではなかったが、神経の圧迫でよく用いられる表現である「ズキン」という刺激オノマトペの場合、第2位の比喩表現「電気が走るような」は非常にその印象と合致していると判断された。第1位の比喩表現「ハンマーで殴られたような」はオノマトペの印象と合致していなかった。このような対応関係については、Web上のデータをより多く学習させることで精度が上がると思われる。

２０１４年に公開された『ベイマックス』という映画で、主人公の少年が落ち込んでいるときに、ベイマックスというロボットが痛みの強度を表すフェイススケールを用いて寄り添おうとしている場面があった。ロボットが人の痛みに寄り添うことの大切さが示されていたと同時に、オノマトペを用いることができれば、痛みの強さという1次元のスケールではなく多次元尺度でより細やかに相手の感情に寄り添うことができるのではないかと感じた。

個人差のある感性の学習

近年、レコメンデーションと呼ばれるさまざまなサービスが数多く提供されているが、いずれも顧客の過去の購入履歴などの学習に基づいている。このような方法は、顧客情報を有している企業ならではの感性の学習方法であるが、**図1**の「外界のモノ⇒五感（何らかのインターフェース）を通して知覚⇒感情・価値判断」という認知情報処理や、人の感性知能の工学的実現を目指したものではない。

ここでは、同一のモノに対して何を知覚し、どのような感性的価値判断をするかにおいて個人差があるような認知情報処理の3つのステップについて、人工知能による学習を可能にする技術を紹介したい。

まだ人工知能が学習することが難しいとされる触覚的な質感に着目しよう。化粧品を使用する際は、指でファンデーションをとって肌に伸ばしたり、肌で直接触れたりすることになるが、触質感は、物体形状だけでなく、指の皮膚変形といった個人差の大きな要素が影響するとされる。例えば、皮膚の物理特性は加齢によって大きく変化することが知られている。筆者は、触覚の研究者である渡邊淳司氏とともに、これまで定量的に議論することが難しかった個人の触質感の感じ方の微細な違いを簡便に可視化する手法を提案している。２次元マップとして画像化することで人工知能の学習データにできるという強みがある。以降では、実際に被験者に素材を触れてもらって、オノマトペを回答してもらった場合を想定した処理の流れで説明するが、商品についての顧客のレビューや店頭での感想を利用することもできる。

この手法では、ある範囲の触素材群の関係性を表した触素材マップと、その範囲の触質感を表現するオノマトペマップをあらかじめ用意し、２つのマップのすり合わせを行い、そのすり合わせ方の違いによって個人個人の触質感の感じ方の違いを把握するものである。触素材マップ上にオノマトペマップを重畳することにより、ユーザーがいくつかのオノマトペをそれが最も表すと感じられる触素材の位置へと移動させるだけで、そのユーザーの素材の感じ方を把握できる。このとき、オノマトペが表す印象を数量化できる前述のシステムを介在させることで、少数のオノマトペの位置を操作するだけで、他のオノマトペも適切に移動させ、オノマトペマップ全体の配置を変更できるようにする。これにより、少ない手順でユーザーの評価が可能になり、個人個人の感じ方の違いを、少ない時間、少ない負担で把握できる。例えば、化粧品の使用感において重要な影響を与える手触りの年代差や性差など、個人差を簡単かつ大量に調査できるようになる。調べたい範囲の素材を決めて、それらの素材についてのマップ（触素材マップ）を作り、それらの素材から想起されるオノマトペについてのマップ（オノマトペマップ）も用意する。各個人が触素材マップの上でオノマトペの配置を変化させるだけで、それぞれの感じ方の違いを把握できる。実装例の手順は次の通りである。

（1）触素材マップの作成

人の触覚を網羅的に調査できるようにしたいという意図で、企業に委託して作成した50種類の触素材を用いた。素材間の関係性を算出し、多次元尺度構成法を用いることで**図7**のような触素材マップができる。これは一種の物理世界のモノの関係性で、人に依存しないモノの世界である。

（2）オノマトペマップの作成

実装例では、一般的な触感を表すオノマトペとして2モーラ繰り返し型のオノマトペ307語を用意し、それらを〝○△○△した手触り〟（○△○△はオノマトペ）という検索語でグーグル検索を行い（2012年7月6日実施、Internet Explorer 9）、ヒット数が1000件以上のオノマトペ43語を選定している。次に、選定された43語を前述の「オノマトペによる印象を数量化するシステム」に入力し、43語それぞれに対して、触素材の評価と同じ

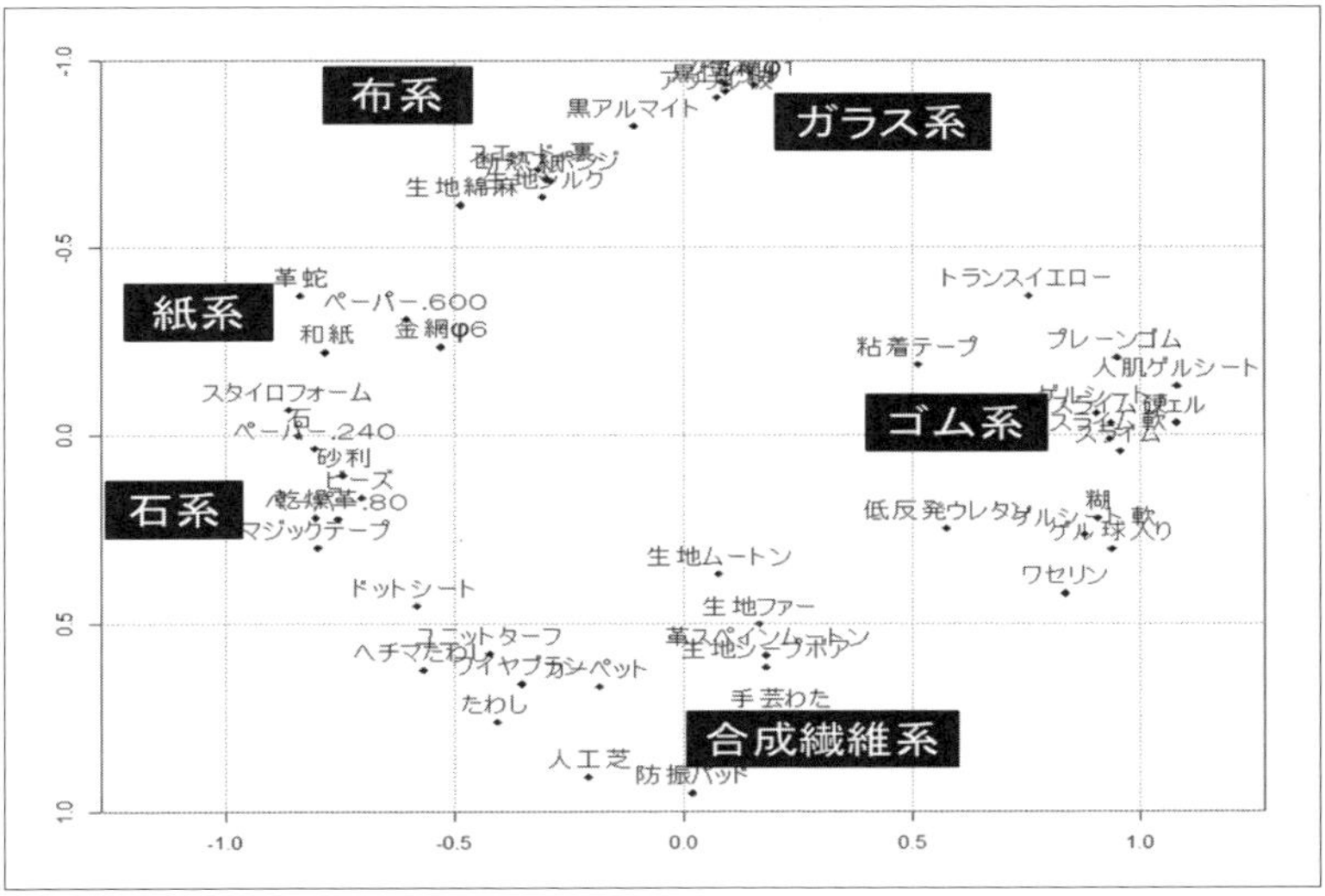

図7：触素材マップ

「暖かい － 冷たい」、「かたい － やわらかい」、「弾力のある － 弾力のない」、「湿った － 乾いた」、「滑る － 粘つく」、「凸凹な － 平らな」、「なめらかな － 粗い」の7尺度の評価値を利用することで、人の言語の空間を可視化できる。

（3）素材とオノマトペの関係を操作するシステム

　どのようなモノをどのように感じるか、どのオノマトペで表現するかは個人差があり、まさに個人ごとの感性によって異なる。そこで、素材マップとオノマトペマップをユーザーの主観に合うようにすり合わせるシステムを開発した。はじめに、タッチパネル機能の付いた画面に、素材マップの上に触感印象がある程度合うようにオノマトペマップを重畳した状態で表示する。2つのマップはそれぞれ異なるデータで独立に作成されたものである

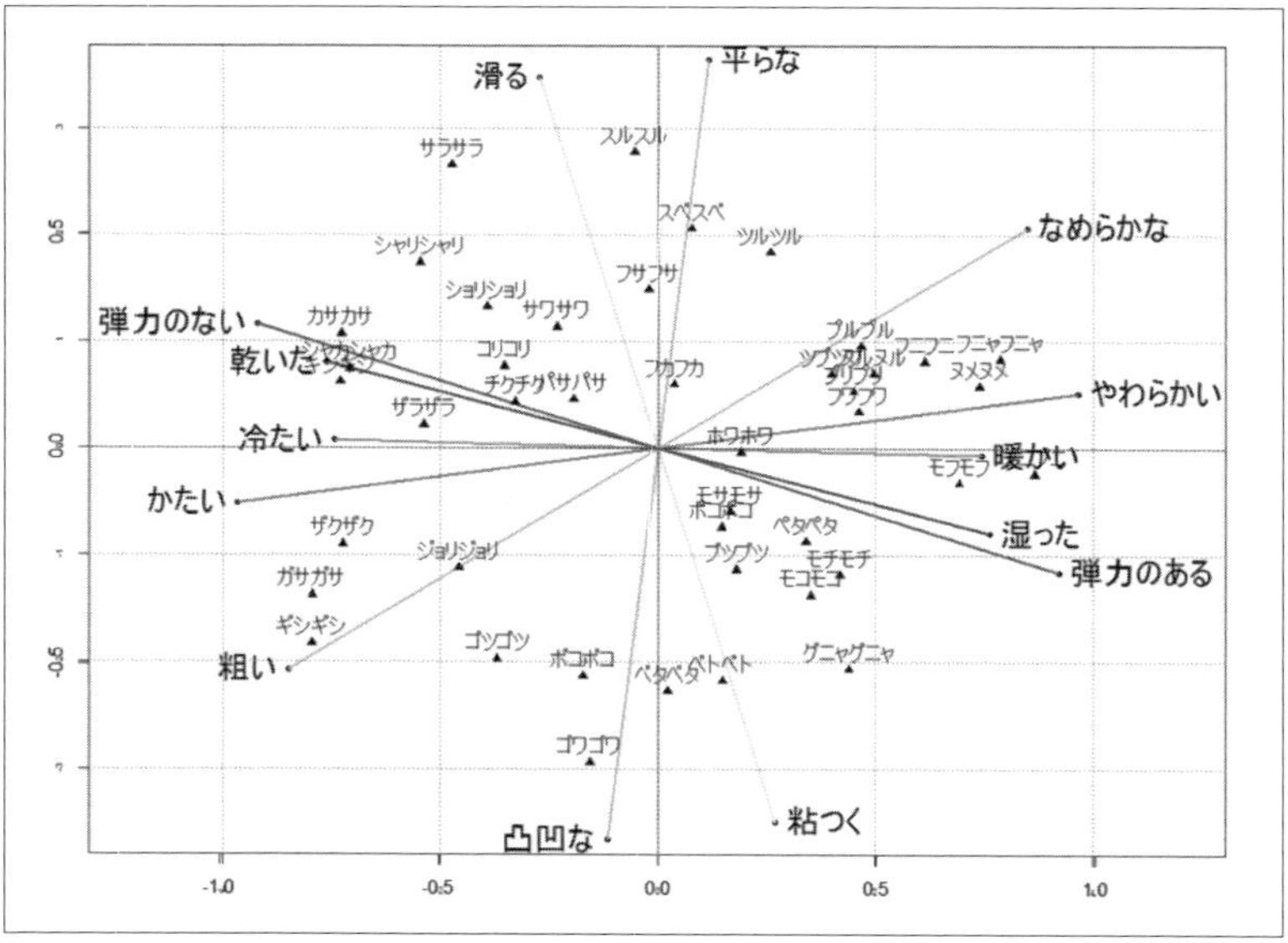

図8：オノマトペマップ

が、同じ7尺度を使用しているため、触素材の印象評価値とオノマトペマップの軸を参考にして、中心点を合わせて座標値を調整し、800×600（横×縦）ピクセルの画面上に重ね合わせる。そして、ユーザーはオノマトペマップ上の各オノマトペの位置を、それが最も表すと感じられる触素材の位置へと移動させる。このとき、その他のオノマトペも「オノマトペによる印象を数量化するシステム」の出力に基づくオノマトペ間の類似度に合わせて、自動的に移動するようにした。これは本システムの大きな特徴である。このようにすることで、マップ上にあるオノマトペをすべて配置し直さなくても、少数のオノマトペを移動するだけで全体の配置が調整されることになる。つまり、このシステムは、ユーザーがいくつかのオノマトペの移動を行うことで、個人の主観に合ったオノマトペ全体の関係性を効率的に調整するものである。

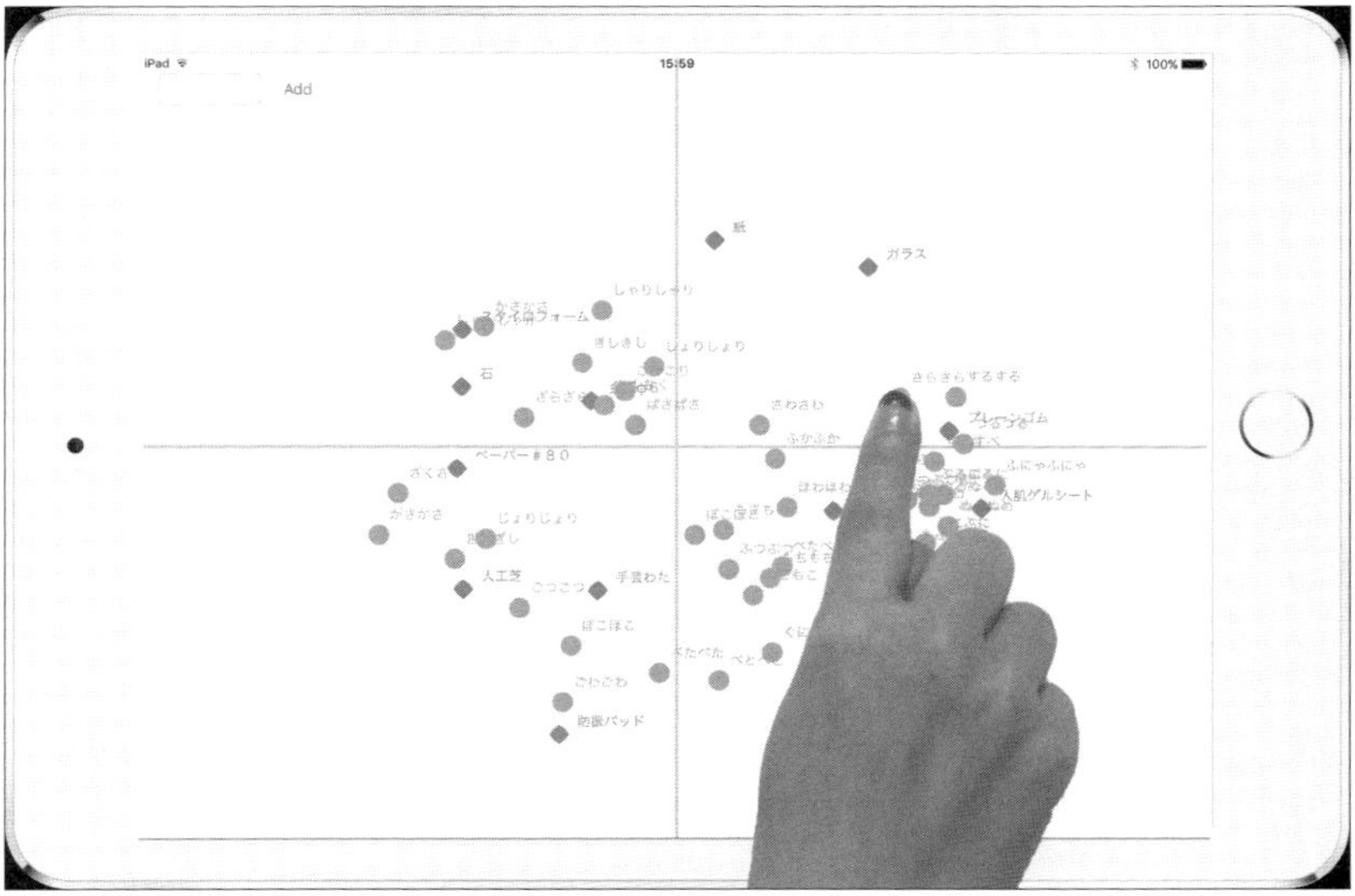

図９：オノマトペの位置を変更することで個人の触質感の感じ方を表現する

それぞれの人の感じ方を表すマップができることで、どういったタイプのユーザーがどのような感じ方をしやすいのかが一目で把握できる。

ここまでは、人工知能が人の感性を理解できるか、ということについて考えてみた。さまざまな方法を紹介したことからも分かるように、人工知能が人の感性を理解することは２０２５年までには実現できそうである。ＩｏＴ技術とも組み合わせれば、購入したものについて、「もっとさっぱりしたものがよかったのに」とか「べたつかなくて、もっとしっとり感があるものがあるといいのに」といったつぶやきもセンシングできるようになるかもしれない。これができれば、大衆向けに規格化されたサービスや商品に自分が無理をして合わせたり、「きっとあなたはこんな商品が欲しいはず」というように、年齢や性別、この商品を買った人はこういう商品も買っている、といったパターンに基づく押しつけがましいレコメンデーションをされたりしないで済む未来が来る。「あっさりしたものが食べたい」といってチョコレートを選んだら母に不思議がられたことがあるが、「あっさりしたもの」として、納豆を食べたい人（あるいは時）もあれば、そばを食べたい人（あるいは時）もあるかもしれない。ここで紹介した技術の未来には、本当に意図したものがない場合は、自分だけの「あっさりしたもの」を作れるような展開もあり得る。人工知能が感性を理解できるようになると、人口の数だけパーソナル人工知能が作られる未来がある。

人工知能に感性があると人は感じるか

言葉のないロボットにも人は感情を感じる

お掃除ロボットが狭い机の下に入り込んで出られなくなって右往左往していると、ロボットが慌てているように感じたり、困っているように感じたりすることはないだろうか。お掃除ロボットに感情が組み込まれていないことは分かっているが、人は感情のないはずのモノに感情があるかのように感じることがある。人工知能学会誌2016年9月号の特集「人工知能とEmotion」には、石黒浩氏の研究室によるアンドロイドを使った実験を通して、このような現象に関する小川氏らによる解説記事がある。ここではこの記事について紹介したい。

人同士のコミュニケーションでは、言葉で明確に伝えなくても、なんとなく円滑な関係性を保つことができる。これは、相手の側のさまざまな様子から、相手の心理などを想像できるという、人の能力によるものである。この能力はコミュニケーションの効率を上げるだけでなく、人の社会性を担保する重要な能力の1つでもある。ここで紹介する実験は、このような想定から行われた。小川氏らによれば、人は解釈の余地があるものに関して、自らの中において一貫性を保つような理由付けを無意識のうちに働かせる性質があり、その際、人は自分に都合のよいポジティブな想像を働かせる傾向にある。人はコミュニケーションにおいて、対話相手に対してポジティブな想像を働かせないと、他人と関わることが難しくなる。例えば、ある言葉を他人に投げかけた場合、相手がいやな思いをすると常に想像してしまう人は、おそらく、他人とのコミュニケーションを困難に感じるだろう。このような観点から、人の持つポジティブにバイアスされた想像力の働きをロボットに応用することができれば、ロボットは人間社会に調和的に存在することができる可能性があるとしている。

人はある対象を認識する際、モノとして捉えるか、何らかの意図をもつ主体であると捉えるかいずれかの判断を行うとされるが、もし、人がロボットをモノとして捉えたら、前述したようなポジティブな想像を働かせることはないだろう。そのため、ロボットとの対話において人の想像力を利用するためには、ロボットによる感情表現は重要な役割を果たすのではないかとしている。感情によって人とつながることで人のポジティブな想像力を喚起でき、これを利用することでこれまで提案されてきたコミュニケーションメディアとは異なるさまざまな影響力を持てる可能性がある。社会において人と調和的に共存できるロボットは、人の想像力を利用しながら、人と感情でつながる、または、人を感情でつなげることができる機能を持つ必要があるという考え方にはまったく同感である。

ここで紹介する石黒浩氏の研究室での実験では、女性型アンドロイド、Geminoid Fをショーウインドーの中に設置することで、言語によらない、動きと表情による感情表現に対して、来場者がアンドロイドをどのような主体として捉えるか、また、来場者がアンドロイドに対してどのように振る舞うかについて検証したものである。

実験に際し、アンドロイドに、特定の状況に強く依存しない、人らしく振るいながら基本的な感情表現が可能な機能を持たせている。１つ目は、アンドロイドと人との関わりがない場合における基本機能で、まばたきや呼吸動作、微細な全身運動である。２つ目は、人との関わり合いの中における基本機能で、誰かが近寄って来たり、手を振ったりするなど、注意を引くような動作をアンドロイドに向けた場合、それに対して注視行動をとる。３つ目は、感情表現における基本機能で、人は感情状態によって反応に違いがあることから、例えば、落ち込んでいるときと元気なときであれば、注視行動や表情に違いが出ることに着目した機能である。

実験では、**図10**のようにGeminoid Fをショーウインドーの中に設置し、自律的に来場者と言語によらない関わりを持つ、という状況を設定している。

ショーウインドーの中にガラスを挟んで設置した理由は、音声対話の発生を自然に回避することができるからであるとのことである。また、この実験は新宿タカシマヤのバレンタインイベントとして、「アンドロイドも恋をする。ーアンドロイドはあなたを待っているー」というテーマを設定している。このテーマから、センサー情報から生成するアンドロイドの動作に、「近づいて来た人が待っている人かどうか確かめるためにそちらを見る。でも待っている人と違ったので、またはかなげに下を向く」といった、動作や感情表現方法に対しての、一定の設計指針を設けることができたとのことである。

ショーウインドーの前のみを撮影したカメラの映像、来場者の会話、およびインタビューの結果から、来場者がアンドロイドに対してどのような反応を示したか、また、アンドロイドをどのような存在として捉えていたかを観察によって分析した結果が次のように報告されいてる。

図 10：Geminoid F を使った実験の状況
大阪大学、ATR 石黒浩特別研究所

来場者の多くは、2メートル程度離れた場所から観察している際はアンドロイドを動くマネキンのように捉えて写真や動画を撮っていた。しかし、アンドロイドに近づいて表情やアイコンタクトなどの振る舞いに気付いたとき、さまざまな方法で対話をしようという試みが観察された。例えば、一度離れてもう一度近づいてみる、手を振ってみる、ウインドーをノックしてみる、といった行動である。興味深い行動として、言語ではなくジェスチャーにより、写真をとっていいかどうかの許可をアンドロイドに向かって試みる来場者が数多く観察された。また、インタビューの結果、多くの来場者から「さみしそうだった」「多くの人に囲まれてかわいそう」「しつこく前に長時間いる人にいやな表情をしているのを見て共感した」など、アンドロイドの感情について言及していた。

この結果から、人らしい見かけを持つアンドロイドの場合、言語を用いなくても、状況を限定し、その状況に合致した感情を含むさまざまな振る舞いを行うことで、人はアンドロイドの感情状態を理解しようと試み、解釈して、自分なりの意味づけを行っていたことが分かったとのことである。つまり、言語を用いなくても、人は人のような見かけを持つアンドロイドに感情があるように感じる、ということである。

もしもロボットがオノマトペを発したら

ここで紹介したアンドロイドは言語を発していないが、もしも言葉を発した場合、人はより感情を感じるようになるのであろうか。おそらく、質問応答型の会話をしたり、質問に答えられないときに「検索してみます」と答えたりしたら、人の想像力が働かなくなり、感情を感じにくくなるのではないかと思われる。しかし、言語の中でも、直感的で感性に直結する表現とされるオノマトペを発したら、ロボットが感性を持つように感じるのではないか。

ここで筆者が開発している、表したいイメージを直感的に表現できる新奇性のあるオノマトペも生成できるシステムを紹介しよう。「もふもふ」のような新しいオノマトペを生むことのできるシステムである。新しいオノマトペを創出するときに、日本語に含まれるすべての子音・母音・オノマトペ特有の形態を自由に組み合わせるとした場合、モーラ数が増えるにしたがって組み合わせ数は膨大な数となる。そこで、確率的探索を行うことで全探索が不可能と考えられるほどの広大な解空間を持つ問題に有効であることが知られている進化的計算の１つである遺伝的アルゴリズムを用いることとした。ユーザーがシステム上で入力した印象評価値を目的とした遺伝的アルゴリズムによって、オノマトペ表現の最適化を試みる。遺伝的アルゴリズムによる選択・淘汰を繰り返すことで、最終的にユーザーの印象評価値に適合したオノマトペ表現の候補を求めることができる。データベースなどに登録されている既知のオノマトペから探しだすような辞書的なシステムではなく、前述の「オノマトペによる印象を数量化するシステム」と連携することにより、ユーザーの入力した印象評価値に適合した音韻と形態を持つオノマトペ表現を生成する。

簡単に手続きを説明すると、オノマトペ表現に遺伝的アルゴリズムを適用するために、遺伝子個体を模した数値配列によってオノマトペ表現を扱うことにした。オノマトペ遺伝子個体の配列は、17列の整数値データからなり、それぞれのデータがオノマトペを構成する音韻や形態の要素を表す。オノマトペの最適化は、初期状態で生成された初期個体群を、遺伝的アルゴリズムによって、ユーザーが入力した評価値を目的として選択・淘汰していく。世代ごとに、入力された印象評価値と各個体の評価値（オノマトペを数量化するシステムによって算出される評価値）の類似度を算出し、類似度のより低い、ユーザーの印象により適合しない個体を淘汰していく。こうして世代ごとに自然淘汰を繰り返すことで、最終的に残るオノマトペ表現の集まりは、ユーザーの入力した印象に適合した表現となるようにする。

図11はシステムのインターフェースである。画面上部の43対の両極評価尺度に対応するスライダで求める印象の評価値を入力して生成処理を実行すると、画面右下部のテーブルに生成されたオノマトペ表現とその類似度が出力される。また、画面左下部の条件入力フォームでは、初期個体として使用する慣習的なオノマトペの個数、遺伝的アルゴリズムで使用するオノマトペの全個体数、何世代処理を繰り返すか、交叉の発生確率や突然変異の発生確率を指定できる。オノマトペによる印象を数量化するシステムと統合されており、左上のタブで切り替えて評価と生成を繰り返すことができる。例えば、**図11**では

「もふもふ」の数量化結果から、「もふもふ」よりもっとやわらかくて暖かい印象のオノマトペがないか、やわらかさと暖かさを最大にして、生成システムにかけてみた結果である。

結果は、1位「もふもふ」、2位「もふりもふり」、3位「もふっ」、4位「もふん」、5位「もっふり」、6位「もふー」、7位「まふまふ」となった。1位のオノマトペが入力された数値と類似度が97％の新オノマトペであり、7位の新オノマトペでも91％の類似度となっている。「もふもふ」よりもっとやわらかくて暖かいオノマトペを探してみたのであるが、やはり「もふもふ」は最強なのかもしれない。実は、7位の「まふまふ」というオノマトペは、筆者が2015年にモデルでタレントの浜島直子さんのラジオ番組に出演させていただいたときに、浜島直子さんが、「ペットにまふまふしてるんです～」というように使われていたのが印象的だった。そのときも、なるほど、と思ったが、やはり「もふもふ」の仲間だったようである。もしもオノマトペを生成する人工知能を搭載したロボットが、「まふまふですね！」と発

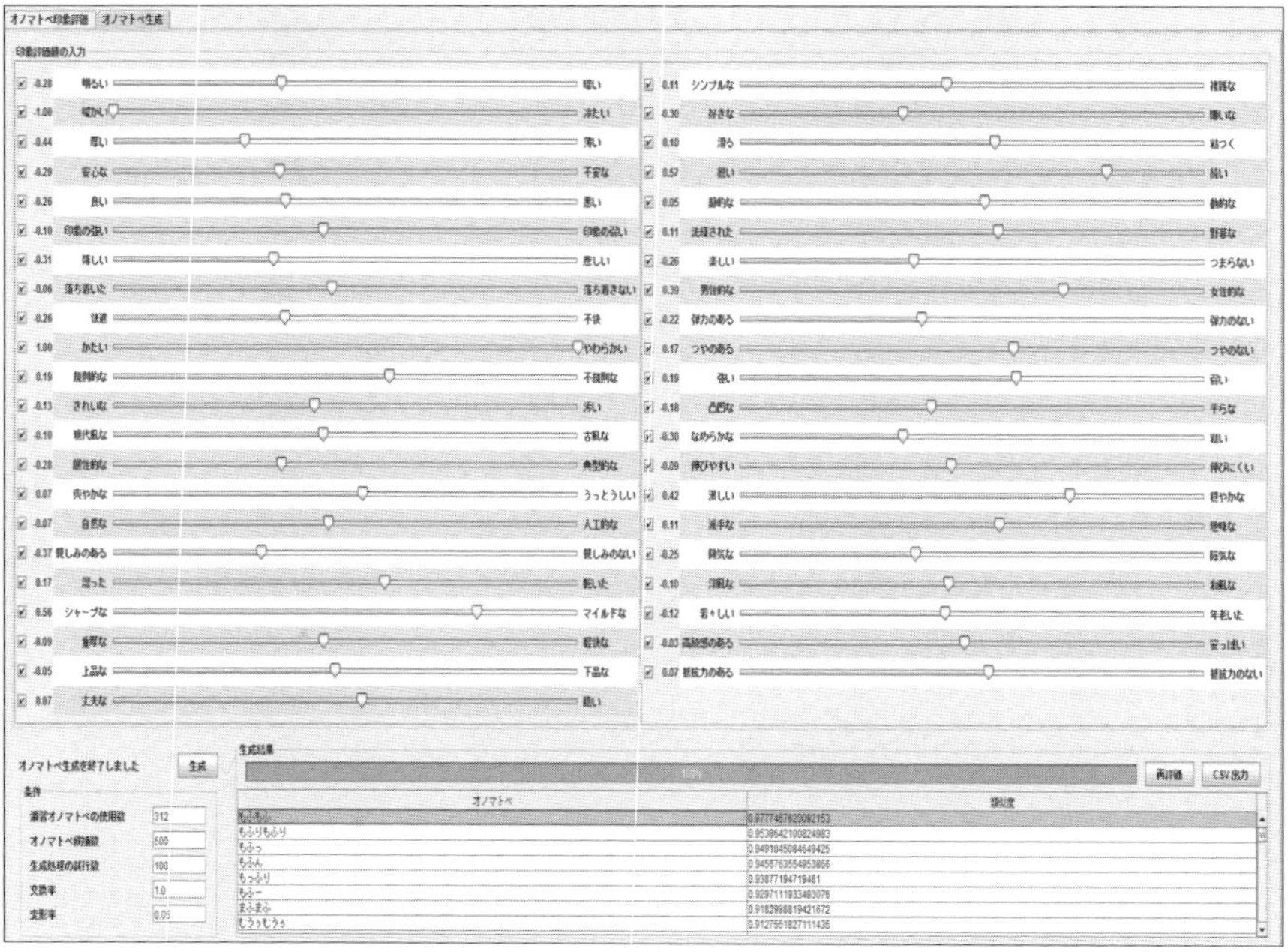

図11：やわらかさと暖かさを最大にして、生成システムにかけてみた結果

話したら、浜島直子さんと共感し合えるかもしれない。

生成システムで作られるオノマトペが、それらしいものになっているのかどうかを確認するために、システムの評価実験を行った。具体的には、日本語を母語とする21歳から29歳までの学生18名（男性12名・女性6名）に、16尺度に対する印象評価値を自由に入力してもらった（43尺度すべて行うと大変なためである）。動かす評価値の数、評価値を動かす幅は自由であることを伝えた。その評価値を入力として、オノマトペの生成処理を1000世代に設定して実行した。オノマトペの生成処理が終了したあと、生成されたオノマトペのうちで最も類似度の高いオノマトペが印象評価値に適合しているかについて、被験者に評価してもらった。「まったくあてはまらない」を1、「とてもあてはまる」を7、「どちらともいえない」を4とする全7段階による評価である。さらに被験者には、生成されたオノマトペのうち、類似度上位3つのオノマトペに関して、最も印象評価値に近いと思うものを選択してもらった。この一連の手順を、各被験者について5回行った。

実験の結果、試行回数5回×被験者18名＝全90個の回答が得られた。全90個の評価値の平均は4・54、標準偏差は1・74となり、生成システムは印象評価値にある程度あてはまるオノマトペを生成していると評価されたことが示された。類似度上位3個のオノマトペのうち、類似度が最も高いオノマトペが印象評価値に最もあてはまると評価された回答は全90個中35件、類似度が2番目に高いオノマトペが印象評価値に最もあてはまると評価された回答は全90個中30件、類似度が3番目に高いオノマトペが印象評価値に最もあてはまると評価された回答は全90個中25件であった。このことから、類似度が高いオノマトペほど、被験者の印象と適合しやすい傾向にあることが分かった。

人の感性に寄り添えるようなオノマトペを人工知能が生成すれば、質問応答能力の高い知識型人工知能よりも、人と同じような感性を持つ存在として人工知能を身近に感じてもらえるのではないかと思う。

できるだけ自然な音声で発話してほしい

音声での対話の場合、機械的な声で発話されると、機械感が満載になってしまって台無しになることがあり得る。しかし、近年、人工知能による音声合成技術開発も進んでいる。声質変換と呼ばれる技術自体は、１９８０年代後半に考案され、テキストから音声を合成するシステムの出力音声に対して、さまざまな話し手の音声を柔軟に合成可能にすることを目的とした研究がすでに行われていた。例えば、音声翻訳システムにおいて、出力される外国語音声に対して音声入力話者の個人性を付与することで、発話内容のみでなく個人性も伝達可能とする技術がある。声質変換の研究が開始された当初から、数理的手法に基づくデータ駆動型の枠組みが導入され、声質変換技術の高精度化は進められてきたが、近年のディープラーニング技術の導入によって精度と汎用性が格段に向上している。２０１２年２月に放送されたＮＨＫ「クローズアップ現代」の「思いが伝わる声を作れ ～初音ミク 歌声の秘密～」という特集では、すでにさまざまな音声合成技術が紹介されている。人間そっくりの歌声を合成するために人の発声を自動的に模倣するプログラムや、喉頭がんなどで声を失った人々の支援のために人工喉頭の音声をリアルタイムで合成し、自分らしい声に変換できるという戸田智基氏の技術が実演されていた。

数時間その人の声を収録しなければ合成できなかった従来技術に対し、たくさんの人の声を集めてデータベース化しておくと、特定の人の声が仮に「あ」と「い」しか手に入らなくても、「あ」はこういう音、「い」はこういう音で言うなら、きっと「う」はこういう音で言うに違いない、というようにコンピュータ一が自動的に推測して合成することができる。２０１２年時点でそのように紹介されていたが、まさにこの数年で、ディープラーニングは当たり前の時代になった。

もともとモノにも感情を感じる想像力を持つ人間の能力と、その想像力を裏切らないように、人と共感できるような直感的なオノマトペといった表現や、すでにさまざまな知的対話システムで実現している対話能力、それを自然な人の声のような音声で発話できる技術が今後さらに進化すれば、2025年を待たなくとも、人が人工知能に感性があると感じることは可能である。

人工知能は感性を持つようになるのか

創作できる人工知能

2007年であったか、認知科学会の、コンピューターに小説を書かせるという研究をしている研究者らが参加していたセッションで、「感情を持たず、恋もできないようなコンピューターには、小説は書けない」といった指摘をした研究者がいた。当時、コンピューターに比喩能力を持たせることに関する研究をしていた筆者にとって、その言葉は印象に残るものであった。

前節で紹介したように、人工知能が新オノマトペを作ることは可能である。感性豊かな女子が「もふもふ」や「まふまふ」のような新しいオノマトペを次々作っているとされる。2013年6月「〝ぱみゅぱみゅ〟〝じぇじぇじぇ〟〜「オノマトペ」大増殖の謎〜」という特集がNHK「クローズアップ現代」で放送されたが、さまざまな長さのオノマトペまで想定すると、理論上数千万通りものオノマトペがまだまだ生まれる可能性がある。オノマトペには新しい語形を次々と作り出す力が備わっており、例えば文学作品やマンガではそれまでまったくなじみのなかった新しい語形がしばしば登場する。例えば、文学作品では宮沢賢治の『銀河鉄道の夜』で用いられている「ガタンコガタンコ、シュウフッフッ」など、多様な表現がある。今や、作家のような創造的な活動をしている人が生み出していた新しいオノマトペを、人工知能が教えてくれるようになった。オノマトペは、人が直感的に使う「感性」に直結した表現といわれるが、そのようなオノマトペを創作できる人工知能は感性を持てたといえるのだろうか。

コンピューターにプロ並みの小説を書かせるのは、囲碁よりも何倍も難しいといわれている。ゲームであれば勝ち負けが明確なため、人工知能に学習させやすいが、小説の良しあしを判定するような明確な基準はないため、何をどのように学習させたらよいかが難しい。言葉の組み合わせの数も桁はずれに多く、囲碁の初手が３６１通りなのに対し、小説の最初の単語でも、約10万通りあるとされる。仮に５０００語程度の短い小説でも、10万の５０００乗通りもあり得てしまう中で、よい表現を見つけなければいけない。そのような５０００文字の短編小説を人工知能に書かせる研究が行われているが、その人工知能小説の作り方は、例えば、小説を生成する前に、人手で小説の構造を決め、小説に登場するさまざまな属性をパラメータ設定し、プログラムで条件設定を行い、数万行のプログラムを作って実現する方法がとられている。つまり、人工知能が自律的にスラスラと小説を書くということではなく、人間が８割、人工知能が２割くらい関わって作っている段階とされている。小説を書くためには、テーマを決め、筋書きを作り、さらに読んで意味が通る文章を複数段落にわたって書かなければいけない。どの段階も、人工知能にとってはなかなか難しい。特に、感情を持たない人工知能が人生の哀歓などを美的表現にまで高める芸術的な小説を書くことの難しさは理解できる。しかし、このような芸術的な文学小説の特徴理解も、人工知能による学習が進めば時間の問題であり、２０２５年までには、人では思いつかないような人工知能小説のストーリー展開に驚かされる日は必ず訪れるであろう。

私の研究室では、人工知能に歌詞を作成させるというプロジェクトを進めている。アイドルグループ「仮面女子」に、曲のイメージを小節ごとに色付きの絵として描いてもらい、それを60万文書以上をあらかじめ学習させた人工知能に読み込んで、色彩イメージと結びつく単語リストを探索させ、曲のイメージや音符に合うように文章を作成させた。**図12**は、仮面女子のメンバーが描いた絵と、作成された歌詞である。

【電☆ アドベンチャー】

作詞：AI仮面(人工知能)　作曲：谷内翔太　編曲：佐々木久夫

星、見つけよう！！まぶしい世界　三日月に響け
ブルーの川をきらり染める　黄金（こがね）がブルーに照らす時
白い川と落ち合うバラード　初夏のりんごが憧れそうで

オレンジ咲いてひらひら　若い星を運ぼう
デビューで咲こうラブストーリー　月夜のふと影に

星、見つけよう！！暖かい羽
おしゃれとデビューに憧れ　好きな話し出して飾ろう
ずきずき三日月　響いて活躍 Yeah!

フルーツみたいに染める黄金
夕日がおしゃれに浸かる時
浅いルージュ屈託の時　僕の背中が泣いていそうで

一つ一つ始めて　星の花火まとおう
海とデビューに泳ごう Pyuee
闇を蹴り飛ばそう

月、追いかけて！！眩しい星　オシャレに極めに飛ぼうじゃん
すぐ眠らないストーリーで
かわいいドレス　運ぼうオーロラ !Yeah!

柚子の羽舞う冬に　星の船シラシラと
翼の幻 夢見るぞ　明日と詞紡ぎ
さら舞おう

夜、抱きしめる！　月を祈りに　うさぎを招いて笑おう
にこにこうぱうぱブルーベリー
月明かりを　包みこめ

夜、追いこそう！！詩的な自由
輝く川がこみ上げる 助け合って月を染める

いろんな明日
挑戦、めちゃくちゃ !Yeah!

無邪気に伝説！ Yeah!

図 12：【電☆ アドベンチャー】
作詞：AI（人工知能）　作曲：谷内翔太　編曲：佐々木久夫
https://youtu.be/UpfzVJgSD8U

短い小節ごとにこのような絵を描いてもらい、それをもとに歌詞を作っていく。歌詞の場合は、小説ほどストーリー性や意味的なつじつまが合うかどうかといった点は重要ではなく、イメージを紡ぐような表現のつながりがあれば何とかなる（作詞家からは批判を受けそうだが）ため、小説よりはるかに簡単である。特に、人の側が、作られた歌詞から想像力を働かせて意味を読み込み、感動してくれる。このプロジェクトを実行してみて興味深かったのは、人工知能が歌詞を創作できたということではなく、人工知能が作ったつじつまの合わないような歌詞に人が意味を与え、その意味の与え方から人の側の頭の中が分かるという現象であった。「アイドルには歌わせられない」ということでボツになった歌詞には、「僕のクルミが頑張りそうで」といったものが含まれたが、多くの人がこの歌詞に、人工知能が意図していない意味を想像したようである。ショーウインドーの中に座るアンドロイドに感情があるかのように人が想像したのと同様に、人工知能が創作した作品から、人が想像力を働かせるのである。

人工知能は感性を持てるのか

このような創作ができた人工知能について、感性知能としての出来栄えを判定してみるのは面白いと思われる。コンピューターが知能を持つといえるかどうかを判定する方法として、アラン・チューリング（Alan Turing）が１９５０年の論文で提示したチューリングテストという方法は、言語による対話であった。壁に隔てられた1つの部屋に人が入り、もう1つの部屋に人を模倣するコンピューターを置く。質問者は外部からそれぞれの部屋に向けてテキストベースで（現在であれば電子チャット形式で）さまざまな質問をし、質問者がどちらがコンピューターか判別できないとき、コンピューターは知能を持つとみなせる、というものである。知能の判断基準となるかどうかについては批判が多いが、そもそもどちらか判別がつかないほどの対話システムさえ実現していない。チューリングテストのように、人工知能が作った歌詞か、人が作った歌詞かを、人が区別できるかどうかで、感性人工知能としての完成度を判定することはできるだろう。この判定自体は、実は対話能力の場合よりも、感性能力の場合のほうが判定に合格できる可能性はあると思われる。歌詞のような創作物については、良しあしの明確な基準がないからである。チューリングテストよりもさらに進んで、人が作った歌詞よりも、人工知能が作った歌詞をつけた楽曲のほうがヒットするようになれば、創作分野におけるシンギュラリティが起きて、人工知能が人を超えるということもあり得るだろう。人工知能が作った、人では作れない新しい表現に出会うことで、想像力が増幅され、論理や意味に左右されることなく、感性で曲を楽しむことができる。

しかし、人工知能が人を感動させられるようになったら、人工知能は感性を持てたといえるのであろうか。いくらすてきな歌詞が作れるようになっても、人のような感性を獲得したとはいえないだろう。ロマンチックな歌詞を作れる人は、ロマンチックな心を持っていて、異性との関係においてもロマンチックな行動ができるかもしれないが、歌詞を作る人工知能がそのようなことをできるとは思えない。また、破壊的な歌詞や小説を作成した人工知能が、社会的に危険な活動をするようになることもないだろう。

人工知能に感性を持たせるには、第1章で栗原聡氏が紹介したような、「汎用人工知能」が実現したさらに先の展開が必要である。特定非営利活動法人全脳アーキテクチャ・イニシアティブでは、「脳はそれぞれよく定義された機能を持つ機械学習器が一定のやり方で組み合わされることで機能を実現しており、それをまねて人工的に構成された機械学習器を組み合わせることで人間並みかそれ以上の能力を持つ汎用の知能機械を構築可能である」という仮説のもと研究開発を行っている。このプロジェクトにより汎用人工知能が実現すれば、世の中の複雑な問題解決がより効率的かつ柔軟に行えるようになるであろうが、機械学習器を組み合わせるだけでは、本当に人のような感性まで持てるようにはならないだろう。

玉川大学の大森隆司氏が「感情は脳による価値計算である」としているように、怒りや悲しみなどの基本的な感情は脳による価値計算の結果表出されるとすれば、汎用人工知能による学習の総体として、計算された価値に基づいて感情を生むことはできるかもしれない。多様な学習から価値観が生まれ、人のような好みを持つ感性が実現する日も来るかもしれない。

人工知能が感性を持つ未来社会

感性を持つ人工知能は、レベル１の「人の感性を理解する人工知能」、レベル２の「人が感性があると感じる人工知能」と、**図13**のような違いがある。

レベル１の感性人工知能は、人の社会の外側から、人について学習して、それぞれの人や集団の感性に合った商品の推薦やレシピの提案ができていればよい。よって、その実体は、ＰＣやスマートフォンに組み込まれていればよい。

レベル２の感性人工知能は、人工知能の言動などの振る舞いから、人が人工知能に感性があると感じられる必要があるため、能力的にはレベル１から大きく進化しなくてもよいのだが、その実体は、何らかの身体を持っているとよいだろう。ＰＣのような機械そのも

図 13：感性を持つ人工知能

のの形状をしたロボットよりも、ぬいぐるみや人のような身体を持っているほうがロボットに親しみが感じられる。しかし、アンドロイドのように非常に人に似てくると、急に「不気味」に感じられるという、「不気味の谷」といわれる現象が知られている。この不気味の谷を乗り越えて、人と区別がつかない外見を獲得したロボットに搭載されるのがレベル2の人工知能のあるべき姿なのか、かわいいぬいぐるみのようなロボットに搭載されたほうがよいのかは分からないが、2025年には、いろいろな形のロボットに人工知能が搭載されて、人間社会に入り込んでいるほうが面白い。「人を外見で判断してはいけません」といわれるが、2025年には、あまりにいろいろな外見のロボットがはびこり、人同士の外見の違い、身体の障害の有無など、まったく気にならなくなっているかもしれない。

レベル3の感性を持つ人工知能は、実現すると少々面倒かもしれず、ニーズがあるのかどうかは分からないが、思い描いてみたい。人間社会で共存するために必要となる基本的な知識とともに、人が生まれながらに両親から受け継ぐ性格のようなものを、個々の人工知能ごとに違う性格として出荷時に入れておく。積極的に黙々と最大限の速度で知識を取り込む人工知能、速度が遅めの人工知能、取り込んだ知識を他人のために活用しようとする人工知能、知識を持っているだけで活用しようとしない人工知能などがいる。どの人工知能も人工知能なので、物理世界の情報を識別する能力は高く、外界のモノは高速に識別できる。しかし、出荷後の「経験」、「学習」に応じて、物理的な入力に対する「感じ方」は違ってくる。あるモノについてよくない経験をした人工知能は、それを「不快」に感じるようになり、「ベタベタしていやだ」と表現するようになるかもしれないし、同じモノについてよい経験をした人工知能は、「そのペタペタしたモノがあると子どもと遊べて楽しいから欲しい」というかもしれない。

こういうことは、「深層強化学習」といった、ある行動について報酬を与えたり、ペナルティーを与えたりする学習方法を入れたディープラーニングを利用すれば理論上、実現可能である。そのため、20

2５年には、出荷時に与えられている性格と、複数の機械学習器によるその後の学習で、さまざまな感性を持つ人工知能と共存する社会は十分あり得る。同じモノに対して反応が違い、違うオノマトペをいう人工知能がいると人工知能研究者としては面白いが、人工知能を作るのが人間である限り、ニーズがなければ、レベル３の人工知能は生まれないだろう。

●参考文献

1 坂本真樹『坂本真樹先生が教える人工知能がほぼほぼわかる本』、オーム社、２０１7.
2 坂本真樹、田原拓也、渡邊淳司「オノマトペ分布図を利用した触感覚の個人差可視化システム」、日本バーチャルリアリティ学会論文誌、21（2）、２１３－２１６（２０１６）
3 清水祐一郎、土斐崎龍一、鍵谷龍樹、坂本真樹「ユーザの感性的印象に適合したオノマトペを生成するシステム」、人工知能学会論文誌、30（1）、３１９－３３０（２０１５）
4 清水祐一郎、土斐崎龍一、坂本真樹「オノマトペごとの微細な印象を推定するシステム」、人工知能学会論文誌、29（1）、41－52（２０１４）
5 上田祐也、清水祐一郎、坂口明、坂本真樹「オノマトペで表される痛みの可視化」、日本バーチャルリアリティ学会論文誌、18（4）、４５５－４６３（２０１３）
6 渡邊淳司、加納有梨紗、清水祐一郎、坂本真樹「触感覚の快・不快とその手触りを表象するオノマトペの音韻の関係性」、日本バーチャルリアリティ学会論文誌、16（3）、３６７－３７０（２０１１）
7 小川浩平、住岡英信、石黒浩「感情でつながる、感情でつなげるロボット対話システム」、特集「人工知能とEmotion」、人工知能、31（5）、６５０－６５５（２０１６）
8 東中竜一郎、岡田将吾、藤江真也、森大毅「対話システムと感情」、特集「人工知能とEmotion」、人工知能、31（5）、６６４－６７０（２０１６）
9 大森隆司「試論：人はなぜ感情をもつのか―行動決定における感情の計算論的役割―」、特集「人工知能とEmotion」、人工知能、31（5）、７１０－７１４（２０１６）

第6章

社会に浸透する汎用人工知能

栗原　聡
電気通信大学大学院情報理工学研究科教授
人工知能先端研究センター長

第３次人工知能ブームの背景

ＩＴ、インターネット、ソーシャルネットワーク、ビッグデータ、ＩｏＴなど、さまざまなキーワードが世をにぎわせてきたが、将来、歴史を振り返ると、２０１０年後半からは間違いなく人工知能が主役であったと書かれることになりそうな状況となっている。そして、この人工知能ブームも実は3度目であり、過去2回のブームは、残念ながらいずれもブームが終わり、いわゆる「人工知能冬の時代」と揶揄《やゆ》される状況に至っている。つまりは失敗したと評されているのだ。人工知能の歴史についてはさまざまな文献で紹介されていることから詳細は省略するが、失敗に至った原因を概していえば、人が持つ知能を工学的なシステムとして構築しようとすればするほど、人の複雑さを知り、構築することの難しさに直面してしまったということと、もう1つは仮にそれなりの理論ができたとしても、それを実現させるための高性能コンピューターを始めとするさまざまな環境が当時は整っていなかったということの2つが主な要因である。つまりは、過去2回のブームは研究において盛り上がり、研究としては成果があったものの、社会実装するには早すぎたということである。研究成果がすぐに実用化されることはまずあり得ない。２０１６年はＶＲ元年などと呼ばれ、誰もが高品質のバーチャルリアリティーを体験できるようになったが、バーチャルリアリティーの基礎研究が盛んだったのはその20年前くらいである。その意味では、研究で盛り上がったブームが続くというほうがおかしな話だったのである。そして、確かに社会実装には至らなかったものの、研究としては多くの成果を生み出し、また最も重要な成果は多くの人工知能研究に関わる有能な人材を生み出したことなのかもしれない。なぜなら、現在の3度目の人工知能ブームを生み出したのはそのような有能な研究者たちの絶え間ない研究によるものだからである。

では、3度目のブームも過去と同様に終焉を迎えるのであろうか？　筆者としては、今回は過去とは異なる展開となっており、研究ではなく開発において盛り上がっているという認識を持っている。今回のブームの主役は、間違いなくディープラーニング（深層学習）である。しかし、ディープラーニングの基本的な技術が確立されたのは本書が書かれた２０１７年を起点とすると、10年程度以前なのである。では、なぜ10年前にディープラーニングという技術が確立したときには研究者においてブームにならなかったのだろうか？　それには2つの理由があると考えられる。1つは、ディープラーニングは、その中身はニューラルネットワークという、1回目の人工知能ブームのときに盛り上がった手法であり、その限界が指摘された手法なのである。性能の限界が指摘され、もはや技術的な魅力を失った手法に対しては、その後いろいろな技術革新があったとしても再び注目を集めるのは難しかったということであろう。無論、性能の限界が指摘され、多くの研究者がニューラルネットワーク研究から手を引いたことも背景にある。そして、ディープラーニングとして再び注目を集めるまで、人工知能技術においては記号処理や統計や確率に基づく手法がその中心であり、具体的な社会実装もされるに至っていたことも、あえてディープラーニングに注目が集まらなかった要因であろう。天気予報やＰＯＳデータ分析など、統計を用いた手法は今やあらゆる場面で実際に利用され、具体的な恩恵を社会に与えている。

しかし、２０１１年にある事件が起こる。人工知能研究分野における音声認識に関する国際会議での音声認識の性能を競う競技会において、それまでは統計・確率に基づく手法が性能の上位を独占していた状況であったのに対し、ニューラルネットワーク型の音声認識プログラムが突如参戦し、2位に大きな差をつけて優勝したのである。このときのニューラルネットワーク型の手法こそディープラーニングであり、初めて著名な舞台に登場したときだった。ディープラーニングについても現在では大量の教科書や文献が出そろっていることからその中身の詳細には触れないが、従来のニューラルネットワークのネットワークの規模を巨大化させたようなイメージである。第1次人工知能ブームにおいてニューラル

この図では 5 層だが、現在では 1000 層もの多層ディープラーニングが開発されている。

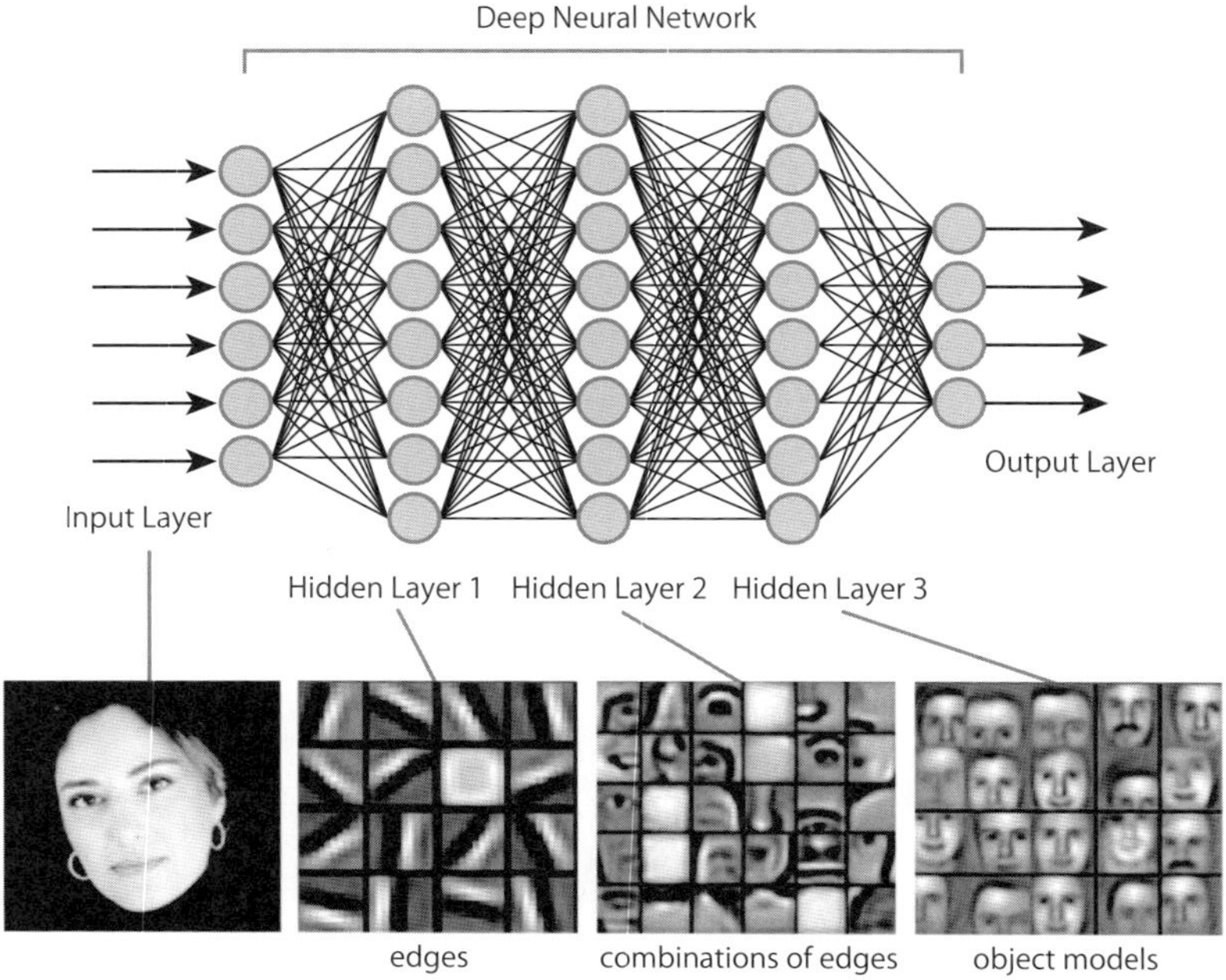

ジェフリー・ヒントン先生

福島邦彦先生

図 1：深層学習：人工知能の手法は、統計を利用する方法や、論理学を利用する方法、また進化的な方法を利用する方法などさまざまであり、その中に脳の構造を手本とする手法があり、深層学習は脳を手本とする手法の 1 つである。これはニューラルネットワークと呼ばれ、第 1 回人工知能ブームのときに注目された手法であったが、当時のニューラルネットワーク理論がまだ黎明期であったことや、コンピューターの能力や低すぎたことなどから、その実用性についての限界が指摘され、ブームが終焉してしまった。このことで多くの研究者がニューラルネットワーク研究から離れることとなったが、ジェフリー・ヒントン（Geoffrey Everest Hinton）先生や、福島邦彦先生など、まさに「継続は力」を体現された先人たちにより、ニューラルネットワークの潜在力を引き出すための多くの研究成果が生まれ、その成果の結集としての深層学習法が生み出されたのである。
http://www.amex.com/blog/?p=804

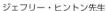

ネットワークが提案されたころは、まだコンピューターの性能は現在に比べ圧倒的に低く、ネットワークの規模を大きくするとうまく学習させることができないという課題があったのである。それが、ブームが去り、冬の時代と呼ばれる間にも淡々と研究を続ける研究者たちがいたのだ。まさに継続は力である。巨大なネットワークにおいてもちゃんと学習できるいくつかの重要な知見が得られ、それまでのニューラルネットワークに対してディープラーニングという新しい名称が付いた手法として登場した。いきなり登場したときは相当な衝撃だったであろう。翌年には画像認識における国際会議においても圧倒的な性能で優勝し、現在、画像や音声に関する認識において上位はすべてディープラーニング型となっている。

では、なぜ提案されて10年後にいきなり注目が集まり出しているのであろうか？　実はディープラーニングという手法は燃費が悪いのである。その高い性能を発揮させるために、従来の人工知能における学習手法に比べて、多くの学習用のデータを必要とするのだ。そして、多くのデータを必要とするということは、それだけ高速なコンピューターが必要になるということである。たかが10年と思われるかもしれないが、10年での情報技術の進化はすさまじい。まだビッグデータも、キーワードこそ騒がれ始めてはいたが、容易にビッグデータを利用できるまでの状況には至ってはいなかったし、何よりコンピューターの性能においても現在と10年前とではかなりの差がある。特にディープラーニングではGPUと呼ばれるディープラーニング専用のLSIがその計算時間を大きく左右するが、ここ数年のGPUの性能向上には目をみはるものがある。つまり、3回目の人工知能ブームは研究ではなく、潜在的に高い性能を持つディープラーニングのその性能を実際に発揮できる状況が整い、実際に活用できる段階に至ったことでの盛り上がりなのだ。実際に使えることでの盛り上がりであることから、過去2回のブームとは盛り上がりの構造が異なるのである。

そして、ディープラーニングへの高い注目は、単に高性能な機械学習手法が登場したというだけにとどまらない。人工知能に関する技術は多岐にわたっており、その中で唯一、人の脳の構造手本とする手法がニューラルネットワークであり、ディープラーニングなのであるが、脳を手本とし、そしてそれが高性能を発揮しているということで、脳神経科学研究コミュニティーも活気づいている。つまりは、ディープラーニングを契機として、本来の人工知能研究の究極の目的である、人のような高い知性を発揮する人工知能、さらには人を超える人工知能を実現しようという動きが加速し始めている。本書におけるこれまでの章において、ロボット、ＩｏＴ、対話や感性といった個別のテーマについての今後の展望について深く議論されてきた。そこで、最後の本章では「汎用人工知能」という新しいキーワードを中心に、２０２５年を念頭にそれらを広く包含する議論を展開してみようと思う。

用途限定型人工知能と汎用型人工知能の違い

この３度目の人工知能ブームを支えるディープラーニングの潜在的な能力は未知数であり、画像認識では人よりも高い認識率を発揮し、深層強化学習という、ディープラーニングと強化学習を組み合わせた手法においては、とうとう２０１６年の春に囲碁でトップ棋士に勝つなど、衝撃的な成果をどんどん量産している。そしてこの状況はいたしかたないとはいえ、「人工知能に職業を奪われるのか？」「人工知能が人を抜くときが来るのか？」「人類が人工知能に支配されるときは来るのか？」といった根拠なき憶測が一般社会で多く取り上げられるようになってしまった。「２０４５年に人工知能が人を凌駕《りょうが》し、映画『ターミネーター』のごとく人類を支配するようになる！」といわれれば、誰もが不安になるのはもっともであろう。果たしてそのような世界は本当に訪れるのであろうか？　現在の人工知能ブームをけん引するディープラーニング技術の進展の延長線上のシンギュラリティという、人工知能が人を抜き去るという事態が起こるのであろうか？

レイ・カーツワイルが提唱するシンギュラリティが本当に訪れるかどうかは、研究者の間でもさまざまな捉え方がされているものの、一般社会と人工知能研究者ではその捉え方には大きな差が見受けられる［カーツワイル２０１６］。明確に訪れると考える人工知能研究者は、意外と思われるかもしれないが少ない。そもそも人工知能という言葉から想像されるイメージからして異なっているともいえよう。なぜそのような差異が生じてしまったのか？　そして、シンギュラリティについての話題の際に、これまでの人工知能と今後の人工知能という文脈において必ず引き合いに出される言葉が、「用途限定型人工知能・汎用型人工知能」もしくは「弱い人工知能・強い人工知能」である。一見分かりやすい区別のようにも思えるが、よくよく考えるといろいろ疑問が湧いてくる。例えば、掃除ロボットは明らかに用途限定型人工知能である。そして、掃除ロボットに不審者検知機能も搭載されたとしても、やはり用途限定型といえる。しかし、仮に、もちろん最初の掃除ロボットとは外見は一変するであろうが、さらに家電操作機能やペット見守り機能、電子秘書機能、家事機能……など、より多くの機能が搭載されるとなると、これでも用途限定と呼べるだろうか？　ロボットアームや高性能グリッパーが搭載され、モノを器用につかむ機能が搭載されれば、さらに多くのタスクが

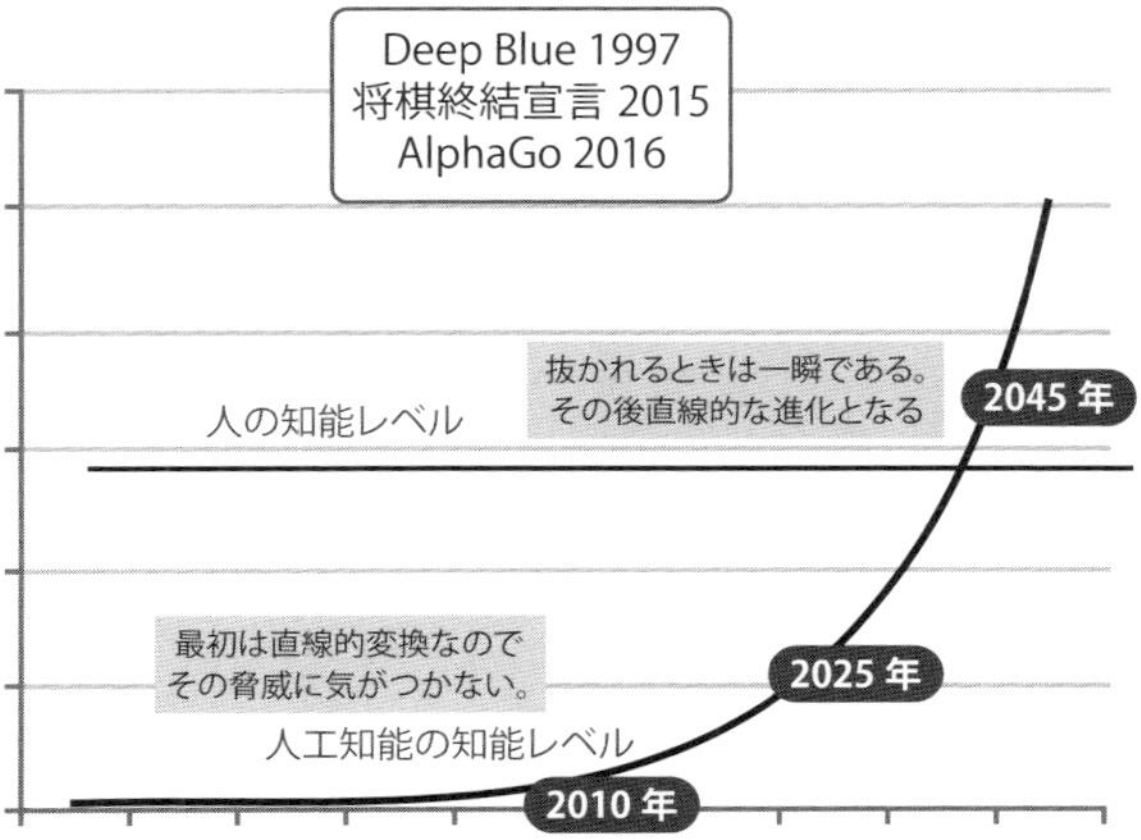

図２：科学技術の加速度的進化
http://dentsu-ho.com/articles/3260

可能になる。これはもはや汎用型であろう！　この流れでいえば、用途限定型と汎用型に明確な線引きは難しいのである。しかし、単に多くの機能が搭載されれば汎用型である、と考えるのも短絡的なのだ。

　掃除機により多くの機能が搭載されればされるほど、今度はそのときどきにおいてどの機能を実行するかの選択をしなければならないという新たな問題が発生する。部屋が汚れていれば掃除機能を発動させ、モノが落ちていればピックアップ機能を発動させる。掃除中にユーザーからＴＶ予約依頼が入れば掃除を一時中止して録画機能を発動させる、といった具合である。その際、録画開始時刻が5時間も先であれば、そのまま掃除を済ませたほうが効率が良いと人なら考えるだろう。それこそ、「家を片付けておいて」といった命令に対して、何をどの順番で実行すればよいのだろうか？　という新たな問題なのである。もちろん、搭載される機能がそれほど多くはなく、開発者が「どのようなときにはどの機能を実行させる」というように機能選択モジュールを作り込むことが可能なレベルであれば、その人工知能搭載家電は多くの機能を開発者の意図通りに適切に使い分けることができるだろう。もちろん、この方法であっても、それなりに多くの機能を使い分かることが可能である。そこで、このレベルの汎用性を持つ人工知能を「低汎用型人工知能」と呼ぶことにしよう。しかし、この方法では、そもそも開発者が想定していないような状況には対応することができない。

　想定していない状況には対応できない、という意味では、ディープラーニングを始めとする機械学習も総じて同じである。学習効果は学習のために使用したデータに大きく依存する。ディープラーニングを使った囲碁人工知能ソフトである AlphaGo は、２０１６年2月にプロ棋士に勝利したが、４回を戦い、3戦目で1敗した。このとき、解説において AlphaGo が暴走したという表現が使われていたが、これは暴走などではなく、単に AlphaGo が未学習で対応できない手を打たれてしまったことで、未学習であるために適切な対応ができず、ランダムに打ち返すようなことになってしまったというわけなのである。

しかし、まさにここに現在の人工知能と人との決定的な違いがある。そう、われわれは初めて経験する状況においても、ランダムというか、暴走と捉えられてしまうような行動をすることはなく、なんとか切り抜けようと悪戦苦闘する。無論、人であっても初めての状況への対応では失敗することはあるものの、持っている知識や経験を総動員して打開策を考えるのだが、現在の人工知能では、過去の経験同士を組み合わせたり、あるイベントから得た知見を他のイベントに応用したりといったことはできないのである。そもそも「焦る」などということもない。

乳幼児がけがや事故で病院に行くことになる大半は、実は家庭内で起きるというデータがある。家庭内という、何が起きるか想定しやすいと思われる状況においても、想定外のことが起きるのである。そして、人であっても想定外の状況に直面することがあるということは、開発者が想定されるすべての選択ルールの記述が不可能であることを意味する。つまり、低汎用型人工知能はあくまで開発者の意図通りの動作に限定された汎用性は発揮できるものの、想定外の状況に適切に対応できる保証はない。しかも、搭載される機能の増加は、それだけ機能を選択する部分の負荷の増大を招くことになる。そして、この機能選択部分の開発が今後課題になるわけだが、そう簡単な話ではない。人の意思決定メカニズムを実現することと同義だからである。仮に100種類の機能が搭載された人工知能を開発するとした場合、状況に応じて100種類から1つを選択するようなプログラムを書けばよい、というわけではない。あらかじめ想定していなかった新たな状況に遭遇したときには、複数の機能を組み合わせることでそれに対応できるかもしれないし、組み合わせる際に組み合わせる順番やそのタイミングを考慮するケースも想定される。すべての可能性をあらかじめ列挙することはもはや不可能であろう。そこで登場するのが、低汎用型と異なる高汎用型人工知能である。

高汎用型人工知能とは？

ここで、本章における汎用人工知能は、高汎用型人工知能のことを意味するのであるが、どのような能力を持つ人工知能なのだろうか？　高汎用型人工知能が搭載されたロボットがあるとすれば、一言でいえば、そのロボットが搭載する、ロボットが実環境に対して働きかけができる能力（先の例では１００種類）をいかに駆使して、実環境に対してロボットに与えられた目的を達成・維持するために合目的な振る舞いを生み出す悪戦苦闘する能力、ということになる。そのためには、ロボットが経験から学習する能力に加え、過去に学習した内容と新たに学習した内容との統合や、ある経験で学習した内容を別の目的達成のために利活用する能力も必要となる。また、ロボットに与えられる目的といっても、「掃除をせよ」といった具体的なレベルではなく、「家の見守りをせよ」といった抽象的なメタレベルの目的となる。つまり、見守りをするためには、そのときどきの実環境の状況に応じて具体的な目的を考えなければならない。ロボットが自ら考える必要があることから、ロボットには自律性・能動性といった能力が求められる。無論、現在のところ、そのような能力を実現するためのメカニズムは未開拓であり、まさに２０２５年あたりをめどに、高汎用型人工知能実現に向けた研究が加速していくと考えている。

高汎用型人工知能は意識を持つのか？

「強い人工知能」「弱い人工知能」という、哲学者ジョン・サールが作った用語がある。弱い人工知能は用途限定型人工知能と同じ解釈でよいものの、強い人工知能は汎用型人工知能という意味ではない。サールによれば、高い知能を持つ人工知能は「意識」を持つとされる。そもそも、意識とは何か？とか人工知能は意識を持つことができるのか？といった質問については人工知能研究者の間でもいろいろな

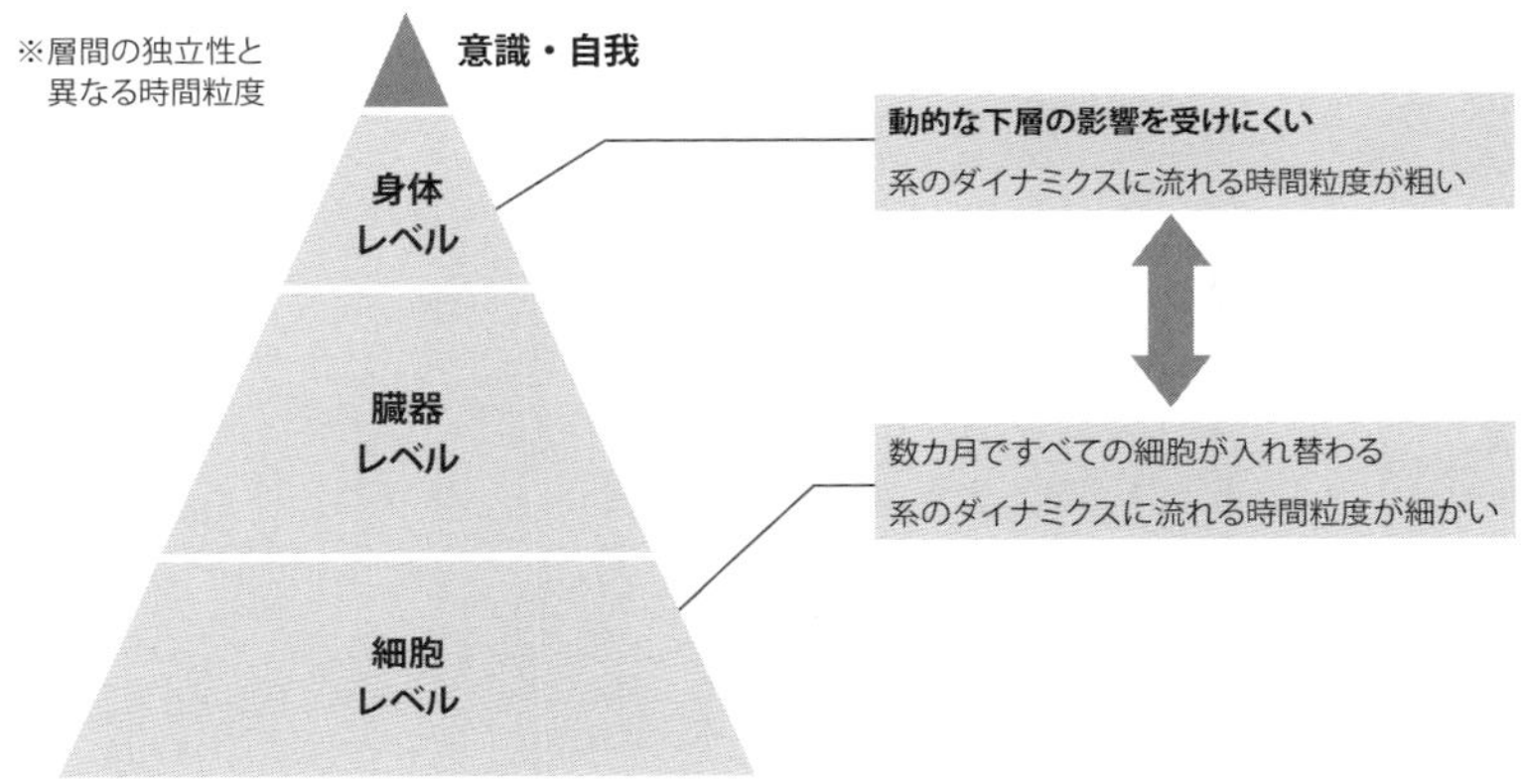

図3：多段創発による複雑階層構造

意見があるが（『人工知能2016』）、筆者は「高汎用型人工知能＝強い人工知能」と捉えている。高い汎用性を持つ人工知能は意識を持つということである。ちなみに、ここで意識は顕在意識、つまり自分として意識して行動する、というときの意識のことを指している。

書籍『人工知能とは』（『人工知能2016』）においても、意識とは「計算のプロセス」や「大脳の動きを大脳が認識する再帰的状態」などさまざまな意見がある中、筆者としては、意識を、「生命活動を細胞レベルの時間粒度を超えたスケールにて時間軸方向で安定化させるために神経細胞ネットワークにて創発される（生み出される）現象であり、脳において同時並行に処理される膨大なタスクにおいて、ごく一部の重要なタスクが顕在意識という形で俗にいうところの意識として認識される」と捉えている。何しろ、五感や外界とのインタラクションからのリアルタイムな大規模データと、経験・記憶といった膨大な情報に基づいて動作する、およそ2000億個の神経細胞が形成する大規模複雑ネットワークが生み出す情報処理空間は超巨大であり、このすべてが顕在化すればわれわれは混乱してしまうであろう。そこで、他者との関係を持続させるに必要な最低限度の意識が顕在化するように進化したのではないかと考えている。なお、顕在化しない意識は潜在意識と呼ばれる。

われわれの身体を構成する細胞は数カ月ですべて新しい細胞に入れ替わる。ただし、脳神経細胞は一度死んでしまったら増えることがなく、日々数万個が死んでいく。20歳を過ぎるとそのペースが上がるそうだ。しかし心配することはなく、だからこそ、そのように日々減っていっても脳としての機能が維持されるだけの十分な神経細胞が最初から存在しているのだ。それが2000億個ということである。無論、進化で想定していないレベルの多くの神経細胞が機能しなくなってしまうと、認知障害を起こすことになる。つまり、昨年と今年の自分の身体は、実際同じではないにも関わらず、「自分」という一貫した意識を持ち続けることができる。この機能が、人が種を維持させるために有効であったということなのだろう。人が他者との関わり、そしてお互いに社会的な存在としてその関係を維持するためには、各自が一貫して自分であるという意識を持ち続ける必要であり、人が自然界にて絶滅することなく生き残るために重要な機能だったのだと考えられる。別の言い方をすれば、一貫性を維持するには時系列的な記憶、すなわちエピソード記憶を利用できることが必要であり、それを扱うための機能が意識なのだと考えている。この考え方の詳細は〔前野2010〕を参照いただきたい。

では、なぜ高汎用型人工知能は意識（ここでは顕在意識のこと）を持つのか？であるが、意識とは要するに「重要な振る舞いや行動のモニター」である。相手も意識を持つことをわれわれが実感するのは、相手の行動に意図を感じるからだ。意図とはその行動をとる動機であり、それは人が自律システムであるからである。つまり、自らがある目的に基づいて自発的に行動するとき、そこには行動を起こすための意図があるはずで、われわれはそこに意識を感じるのだと考えられる。われわれが、明らかに限定された行動パターンしか持たない家電などに意識を感じないのは、それが大きな理由であろう。家電が真にユーザーのことを気遣って巧妙に自律的に動作することを想像するに、おそらくはわれわれは家電が意識を持っているように感じるだろう。システムが高い自律性があるかないかが、われわれがシステムに何らかの意図を感じ、システムが意識を持つという感覚を持つが持たないかを分けるのだと考える。その意味では、高い自律性を持つ高汎用型人工知能に対してわれわれは意識を感じるはずであり、これこそサールの定義する強い人工知能と見ることができよう。整理すると、用途限定型人工知能と低汎用型人工知能は弱い人工知能、そして、高汎用型人工知能が強い人工知能という関係であるという主張である。なお、筆者の意見も収録されているが、強い人工知能・弱い人工知能に焦点を当てた鳥海不二夫氏の書籍には、著名研究者によるそれぞれの見方が分かりやすく書かれている〔鳥海2017〕。

基礎研究と実用化のズレ

2016年はVR元年と呼ばれている。高精細な現実と区別できないレベルの仮想空間を体験できるバーチャルリアリティーデバイスが多く登場し、しかも低価格で入手できるようになった。手の動きを正確にトラッキングすることで、仮想空間の中でいろいろ行動するような体験も可能だ。無論、インタラクションやヒューマンマシンインターフェースに関する研究室において、学生はVRデバイスに興味を持ち、さまざまなアイデアを巡らして研究の提案をすることになる。しかし、それらのほとんどの研究はおよそ20年以前までにやりつくされているのだ。基礎研究は10年後など先を見据えた研究である。5年後に成果が出るかもしれないし、20年後かもしれない。VR研究もそうであった。研究が盛んであった20年前はまだ液晶ディスプレーよりもブラウン管タイプが主流であったし、VRの解像度も320×240ドット程度であったと記憶している。画像処理にも計算時間を要し、CCDカメラからの画像にちょっとした処理を施してＶＲデバイスに表示するのに数秒かかる、といった具合である。無論、ＶＲヘッドマウントディスプレーを装着しても、ものの数秒で酔って気分が悪くなるという状況であった。立体視するためのさまざまな技術や、インターフェースのアイデアは、このころに基礎研究として精力的に進められた。しかし、当たり前ではあるが、実用化には早いというか、ほど遠かったのである。この状況において、この技術をこれから可能性のある技術としてさらに研究を続けるか、それとも、実用化のない技術として中止するかで、その後の展開が大きく異なることになる。結論からいえば、日本は残念ながら中止するタイプに属し、米国は継続するタイプに属することから、20年後、魅力的なさまざまなＶＲデバイスは日本以外から登場することとなる。どうも、日本の技術開発はこの残念なサイクルを繰り返しているようにしか思えない。

日本は良くも悪くも、作って価値を生み出すことが得意である。つまり、使えないものにはあまり価値を見い出さないという風潮があるのではないだろうか。ＶＲ研究にしても実用化にはまだ時期尚早という風潮が出てしまうと、研究にも影響が及んでしまうことになり、結果的にいわゆる冬の時代に突入することになる。まさに人工知能研究はこれまで2回の冬の時代を経験しているのである。そしてディープラーニングにおいてもまったく同じ状況であることは、前述した通りだ。特に工学という学問は社会で使われる技術を生み出すことが使命であることから、常に研究の成果がどのように利用されるかが問われることになる。すると、次のズレが生じる。すなわち、基礎研究でのテーマや目的が過大に捉えられてしまうのだ。これは、特に人工知能研究において顕著になってしまっている。

この第3次人工知能ブームにおいては、研究・開発側と一般社会との人工知能に対する見識のズレがかなりある。明らかにこれまで、そして現在の人工知能ブームの中核であるディープラーニングに関わる人工知能は、用途限定型か低汎用型である。自ら意識を持つことを想起される高汎用型人工知能を創り出すことは、そう簡単な話ではない。そして、用途限定型や低汎用型の人工知能では人を支配することなどできない。これに対して、映画『ターミネーター』に見るSF作品などでの人工知能は、明らかに高汎用型人工知能である。鉄腕アトムやドラえもんも高汎用型である。そして、究極の高汎用型人工知能は、生命と同じく自らが自らを生み出す能力も持つであろうし、まさにターミネーターの世界に登場するスカイネットと同じ能力だ。ここまでのレベルになればもはや新しい生命体だが、このレベルの人工知能が登場するなら明らかにシンギュラリティの到来なのだろう。そして、どうも、一般社会における人工知能に対する捉え方は、そのような高汎用型を意識している度合いが極めて高いように見受けられる。現実には、高汎用型人工知能を実現させるにはまだ多くの課題が残されている。一方、人工知能が人を抜き去るシンギュラリティが30年後に訪れるという話題であるが、そもそも人工知能が人を抜くというのはどういうことなのだろうか？

超えられたと感じるとき

そもそも「2045年に人工知能が人を超える」という簡潔な表現がさまざまな臆測（人工知能が職を奪う、人工知能に支配される）を生み出しているのだが、では、具体的にどのような状況ならばわれわれは人工知能に超えられた、または人工知能に支配されるという感覚を抱くのだろうか？

すでに現在において人はほとんどの能力において情報処理技術や機械に超えられているではないか！計算、記憶、認識、移動、正確さ、駆動時間など、個々の機能においてはほぼすべてにおいて機械のほうが圧倒的に優れている。そもそも、より便利な、そして人が楽をできるようにすることが科学技術の目的なのだから当然だろう。しかし、現在身の回りにあるさまざまな機器においてわれわれが脅威を感じる類いは存在しない。対話システムやチャットボットは、間違いなく個々人の持つ知識をはるかに凌駕する量を持っているであろう。にもかかわらず、われわれはＳｉｒｉに恐れを抱くことはない。われわれは用途限定型や低汎用型システムには脅威を感じないようだ。なぜなら、システムがどのように振る舞うかが既知であり、われわれが使う道具に過ぎず、想定外の振る舞いをしないのであれば、そこに意識を感じることもなく単なる機械としか感じないからである。このレベルの人工知能は必ずそれを操作する人間が必要不可欠であり、人のよきサポーターにはなれるかもしれないが、人と共生する関係にはなれない。よってわれわれから職を奪ったり、ましてや人を支配したりすることもない。ただし、道具であることから、道具として悪用される面を持つことは、これまでの科学技術と同様である。

　これに対して、今後、われわれが意識を感じる高汎用型人工知能（サールの定義における「強い人工知能」）が登場するとどうなるだろうか？　それは家庭内におけるお手伝いさんとなるのであるから、そして、徹底して人に寄り添うように動作する高汎用型人工知能に対してであれば、われわれは安心感を抱くのだろうか？　つまりはドラえもんのような人工知能である。この問いについて、筆者は「人は安易に安心感を抱く」と即答することはできない。

　初対面の人とのやり取りの際、相手がいきなり殴りかかってくることは常識的にあり得ないだろうから、特に身構えることもない。もしその相手の体格が大きかったりするなら、多少の不安を覚えるかもしれない。でも、話すことで安心した。そういった経験は誰しも持っているのではないだろうか？　一見怖そうでも、体が小さく、いざとなれば力で押さえつけることができる、と確信すればやはり安心する。人工知能やロボットに対しても同じなのだと思う。つきあい始めて時間をかけて徐々に信頼感が芽生え、人工知能は安心であるという社会的なコンセンサスが構築されていく。この過程は、自動運転車が社会に受け入れられていく上でも同様であると考えている。

つまり、人と共生する初期の人工知能が登場したとしても、その能力は低く、人はまだ超えられた感覚は抱かないのではないかと筆者は考える。共生の関係は対等な関係であるし、人工知能の汎用性のレベルから人工知能を自分より下と人が認識する状況においては、抜かれたという感覚は抱かないだろう。

では、いつその感覚を抱くのかといえば、それは社会的な立場における逆転が生じたときが大きなタイミングであろうと考えられる。ただし、高汎用性のある自律型人工知能に管理される状況が訪れたときである。すでに人工知能が適切な配属先を決める人工知能システムも登場しているが、人が操作しているのであり、人が人を管理している図式であることに変わりはない。しかし、高汎用型人工知能は自らの判断で人を管理する図式となる。このとき、われわれは人ではないモノに指図される、という「超えられた」という感覚を抱くのではないだろうか。つまり、ハードウエアの性能としては、高い自律性を持つことが必須であり、その意味では、脳をコンピューターと見立てたときに性能を数字的に超えるスーパーコンピューターを実現したからといって、人を超える人工知能ができたなどということには一概にならない。逆に、機能や能力は限定されても、高い自律性を持てば人を超えることは可能だといえる。高い汎用性を持つ自律型人工知能に日常生活において何かしら命令される立場になったとき、社会的な立場が逆転したときが、人が人工知能に超えられたときということになろう。だからといって、そのような人工知能に脅威や恐怖、また支配されるといった敗北感のような気持ちをわれわれが抱くかどうかは分からない。われわれにとって理想的な管理をしてくれるのであれば、むしろありがたい存在になるし、人はそのような人工知能を結局は享受するのかもしれない。

高汎用型人工知能実現への課題

では、高汎用型人工知能はいつ実現されるのかというと、まだ多くの課題があるわけだが、筆者としては次に述べる2つが主要な課題だと考えている。

自律性

高い自律性を持つ人工知能は、置かれた状況においてどの行動や機能を実行するかの選択を能動的に行う機能が必須となるが、現在の環境状態を与えられた目的状態に変換するための行動の手順を求める技術がプランニングである。定番の古典的プランニング法といえば、１９７１年にスタンフォード大で提案されたSTRIPSだろう。１９８６年にロドニー・ブルックスの提案したサブサンプションアーキテクチャもプランニング技術の1つであるし、リアクティブプランニングやリアルタイムプランニング、マルチエージェントプランニングなど、プランニング研究の歴史は深い。しかし、メタプランニングはこれらと異なり、プランニングモジュールに対してどのような目的を与えるのかを考えるのがその目的である。分かりやすく説明するため、警備ロボットを例として考えよう。バッテリー残存量が減ったので充電ポイントに移動するための移動プランを生成する場合の「充電ポイントへの移動」が従来のプランニングにおける目的であり、このような具体的な目的のことを「実目的」と呼ぶことにする。一方、ロボットに与えられた目的が「家の見守り」といった抽象的なものである場合、これを「メタ目的」と呼び、家の安全の維持という目的を達成するため、安全を脅かす状況が発生するたび、それを除去する実目的を生成する。ロボットは駆動し続ける必要があることから、充電するという実目的を選択する場合があるかもしれないが、仮に充電という実目的を選択した直後に、異常を検知し、その異常を排除する実目的が生成された場合、ロボットはどちらの実目的を優先するのかを決定しなければならないし、実目的によっては複数の実目的による複合的な対応が必要なケースも考えられる。これがメタプランニングである。前述したように、人工知能が選択可能な振る舞いが１００種類と少なくても、それらを組み合わせることでさらに多くのことに対応できるかもしれない。それこそが生物が環境に適応するための重要な能力であり、人工知能が人に追いつき追い越すにはこの能力が必須なのである。

そして、メタプランニングはロボットの行動といった身体的な動作に限るものではなく対話にもあてはまる。Ｓｉｒｉなどの対話人工知能やチャットボットなどの開発が加速しているが、残念ながら人同士のような生きた会話とはならない。対話人工知能が利用できる語彙力や知識量はすでに個人のレベルを大きく上回っているであろう。それにも関わらず、人同士のような生きた会話や、場の空気を読んだやり取りができない理由は何なのだろうか？　1つは、人工知能が人と会話する状況において、その場の雰囲気やそのときの社会状況、そして、会話相手の現在の状況といった背景を知らないで会話しようとするからである。そして、もう1つが、そのような背景に基づき、例えば、その場の雰囲気や会話相手の平常心の維持といったメタ目的を達成するための会話生成機構をまだ備えていないからである。

身近な例について考えてみたい。現在の対話システムに「喉が渇いた」と話しかければ、直近のコンビニや自販機の場所が回答として返ってくるだろう。しかし、人同士の場合、「今は我慢して！」などと返答する場合もある。この発言は喉の渇きを潤すための返答ではない。理由は、直近の自販機には水以外の高カロリーなジュースしかなく、相手の糖分取り過ぎによる健康への悪影響を防ぐための発言だったのである。これは相手の体形や好み、健康状態、そのときの季節や気温などを把握していない限りそのような返答はできない。つまり、「相手の健康を気遣った」、別の解釈をすれば「相手の幸福度を向上させたい」というメタ目的を達成するために「今は我慢して」という発言をしたのである。相手への気遣い以外にも、「その場の雰囲気を維持したい」とか「自らの欲望を達成したい」など、われわれはさまざまな目的をその場その場の状況で自分なりの価値判断において選択し、相手との会話や振る舞いを行っている。しかし、現在の対話システムには、このような目的指向性がなく、単に与えられた質問に解答するのみであることから、そもそも人同士のような会話の成立が困難なのである。その意味ではダジャレなどはかなりの高度な技術を要するのだ。

マルチモーダルデータネットワーク処理技術

ディープラーニング研究においても、マルチモーダルデータを対象とする論文を見かけるようになってきた。画像や音声といった異なるデータを利用することで認識精度を向上させようという枠組みであるが、データの種類ごとに特徴抽出を行った結果を統合する方法が主流である。

しかし、この方法では重要な情報を利用できていない。それは、異なるデータ間の関係、すなわち「つながり」の情報である。筆者は、マルチモーダルデータにおいてつながりこそが重要であると考えている。かなり強引な例であるが、1種類のデータが100個あり、得られる情報量が100であるとしよう。そして、10種類のデータがあれば、それぞれ10個あれば単純に情報量は100となる。しかし、実際は各データそれぞれ7個くらいあれば情報量100となる、という主張である。情報量30が足りないが、これがつながりから得られる情報量という意味である。脳という限られたリソースを効率的に利用するには、五感からの情報を独立に処理するのではなく、互いに関連させることによる効果を利用するほうが効率的である。つまり、脳は五感で得られる情報をお互いに関連させて利用することで高い認知能力を実現させるエコシステムだという見方である。では、ここでのつながりは何かというと、同時刻に経験したという、時間的なつながりである。この画像を見たときにこの音を聞き、そのときの天気は快晴で気温は30度で場所は○○……など、われわれは同時刻に入力される五感からの情報を関連させて記憶している。もちろん、その直前に入力された情報とも関連させているだろうし、入力された画像に対して、過去に類似した画像があればその画像とも関連させているだろう。

このように入力されるマルチモーダルデータが、時間軸やデータ間の類似性に基づき大規模かつ複雑なネットワークを形成しているとすれば、このネットワークを対象とした特徴抽出を行うことで、つながりの情報を利用できる。そのためには、いわゆる関係グラフである複雑ネットワークを対象とするディープラーニング法の確立といった展開も望まれる。画像や音声はピクセルの位置や音の順番に意味がある空間グラフであり、スモールワード性におけるショートカットも存在しない。よって、コンボリューショナルニューラルネットワーク（Convolutional Neural Network）などの多層ニューラルネットワークが効果的に機能するが、関係グラフである複雑ネットワークは、いわゆるスケールフリー性・スモールワールド性という典型的な特徴を持つ。スモールワールネットワークでは、空間グラフのように個々のノードの近隣ノードのみに着目してしまうと、ショートカットによる遠方のノードの効果を見落としてしまい、スケールフリーネットワークでは、ハブノードという特徴的なノードの取り扱いが課題となる。一方、複雑ネットワーク分析研究により中心性や同質性といったさまざまな指標が提案されているが、これらの、人が経験的に定義した素性を利用する方法は即効性があるものの、真に筋のよい素性である保証はない。その点、多層ニューラルネットワークの表層学習能力を利用するアプローチへの期待は大きい。

「風が吹けば桶屋が儲かる」ということわざがある。ある事象の発生により、一見するとまったく関係がないと思われる場所・物事に影響が及ぶことの例えである。バタフライ効果も似たような表現であるが、メタプランニングはこの逆問題を解くということである。「桶屋を儲けさせる」というメタ目的に対するメタプランニングを実行した結果、「風を吹かせる」という実目的を生成できればよい、ということである。「大風で土ほこりが立つ→土ほこりが目に入って目の不自由な人が増える→目の不自由な人は三味線を買う→三味線に使う猫皮が必要になり猫が殺される→猫が減ればネズミが増える→ネズミは桶をかじる→桶の需要が増え桶屋が儲かる」、という因果の鎖であるが、これをさかのぼる能力が必要となる。今風の表現をすれば「ディープアブダクション」と呼ぶべき方法であろうか。そして、この課題については、メタプランナーが実目的を生成するために発見・抽出する因果の鎖が、必ずしも人にも理解できる表現である必要はない。これはディープラーニングなどの可読性のない手法での議論と同じである。因果の鎖が長くなればなるほど、人には難解となる。もちろん、メタプランナーにせよディープラーニングにせよ、入力に対して出力があるということはそれぞれの内部においては因果関係がきちんと計算されているということである。しかし、人が理解できる保障はない。この場合、人が理解できる形に表現を変換したり、場合によっては省略や人が理解できるようにゆがめたりといった新たな作業が必要になる。省略などしたらシステムがしていることを１００％理解することができない、という指摘もあるかと思うが、もはや人の理解力を超えたレベルでの作業を人が１００％理解することはできないのであるから、いたしかたないともいえよう。

高汎用型人工知能はどのように社会に浸透していくのか？

現在、そしてこれまでの人工知能や情報システムは総じて、われわれにとっての便利な道具として進化してきた。ディープラーニングにしても同じである。われわれの生活を豊かにするためにわれわれの能力を高めることが、科学技術のそもそもの目的である。聞く能力を高めるのが情報通信であり、計算能力を高めるのが電卓である。しかし、高汎用型人工知能は、これまでの科学技術の進化において飛躍的な展開となる。道具からの脱却である。自らが考えて行動する自律型システムである高汎用型人工知能は道具という位置付けから、人と共生する関係にステップアップすることになるからだ。ではこのような人工知能は、どこで利用されることになるのであろうか？

まさにわれわれの日常生活に入り込む人工知能こそ、高汎用型人工知能なのである。本章の冒頭にて、現在の人工知能ブームが生み出す一般社会の懸念として、人工知能が職業を奪う可能性があることを述べ、そのようなことは現在の人工知能では起こることはなく、高汎用型人工知能が登場するまでは心配することはないと述べたが、では、本当に置き換えが起きるのだろうか？　その答えは、「置き換えが起きる」のではなく、「ようやく置き換えが可能になる」という言い方のほうが適切かもしれないという見方もあるのだ。日本はこれから高度高齢化社会を迎える。出生率は上がらず、若い労働力が増加する傾向もなく、日本は高齢化のままひたすら人口が減少することになる。そうなると労働力の確保はどうすればよいのか？　答えは人工知能である。人工知能を積極的に導入して労働力として使用していかないと国が成り立たなくなってしまうのだ。その転換期が２０２５年なのである。しかも、この置き換えは特にある職業においては火急の課題なのである。その職業とは、農林水産業や建設業といった熟練技能者が多く活躍する業種である。なぜかというと、そのような熟練技能者が引退の年齢を迎えつつあるのに対して、そのような職業に対する若者の就職希望が少ないからだ。熟練工になるのに10年かかるなど、現在の若者にとってはいわゆる３Ｋに属する職業である。このまま熟練の知が失われてはさまざまな技術が退化し、生産性や品質が低下し、結局は日本全体の国力の低下につながる。熟練工の高い能力を抽出し、人工知能に学習させ、現場投入することが求められているのだ。

また、高齢化はそのような特定の職場以外にも等しく訪れる。介護への人工知能投入も必要であろうし、人と共生する人工知能はすべての人にとっても生活を快適にしてくれる存在となるだろう。今しばらくは用途限定型人工知能が徐々に進化し、その延長線として自律型の高汎用型人工知能の投入が特定の職業に対して開始されると考えている。

高汎用型人工知能の先にあるもの

高汎用型人工知能にしても、その目的や、具体的な実目的を生成する仕組みも人が与えることから、人の想定から大きく逸脱した行動が生み出されることはないとは思う。しかし、レイ・カーツワイルが提唱するシンギュラリティが起きるためには、人を超える人工知能が生まれる必要がある。そのような人工知能知能を生み出すことに対する賛否両論もいろいろあるが、われわれのためのそのような超知能であれば受け入れてもよいだろうし、人類のあくなき探究心はそのような人工知能の実現に向かうことは避けられないであろう。

では、そもそも人を超えるようなモノを人がどうやって作るのか？　いわゆる工学的な方法であるトップダウン型の方法では難しい。トップダウン型の設計では、まず完成させたいモノをイメージし、それを分割し、個々のパーツを組み立て合体させる。当たり前であるが、人を超えるモノを具体的にイメージすることはできないわけで、この方法では人を超える人工知能の実現は難しい。もう1つの方法がボトムアップ型である。まさに生命はこの方法で進化してきた。ボトムアップ型では上記トップダウン型におけるパーツレベルがまず先に設計される。あとは個々のパーツの相互作用や自己組織化など、パーツ同士のインタラクションによる創発に委ねるのである。この方法であれば人が設計するのはパーツレベルであっても、そのパーツ同士のインタラクションで個々のパーツの能力を超える能力の創発が期待できる。ここで人を超える人工知能を生み出すための重要な考え方である「創発メカニズム」と「ネットワーク構造の活用」について触れておこう。

創発とは

創発現象の分かりやすい例が、アリの行列である。いきなりアリが登場するが、アリにもちゃんと知能、しかも、実はわれわれの脳が知能を生み出す原理と、アリが行列を作る基本的な仕組みは同じなのである。夏になるとアリが巣穴と餌との間を行列を作って餌をせっせと巣穴に運ぶシーンを見かける。「行列を作るなんて賢い」などと思ったこともあるだろう。この行列であるが、しかも巣穴と餌との最短経路になっているのだ。人は上から行列を見るから最短であることが分かるが、行列を形成している個々のアリからは行列全体を俯瞰《ふかん》することなどできるわけがない。そして、列を作り上げるためのリーダー的なアリがいるわけでもないのだ。まさに知的な振る舞いとしか言いようがない。しかし、最短経路を作り上げるための仕掛けがある。

アリは単に歩いているだけではなく、フェロモンという匂い物質を地面に付けながら歩いている。ちょうど、われわれが森に目印を付けながら入るとの同じである。この匂いをたどれば巣に戻ることができる。そしてアリは餌を見つけるときには別の匂いのフェロモンを付けながら巣に戻る。すると、偶然餌があることを示す匂いの付いた移動軌跡を横切ろうとしたアリは、その匂いをたどることで餌の場所に到達することができる。すると、そのアリも先ほどのアリが残した巣に帰るフェロモンをたどりながら移動しつつ、餌があることを示す匂いフェロモンを付けながら移動する。よって、餌の場所までのルートに付けられた匂いはさらに強くなり、結果的により多くのアリがその匂いに気付くことになる。こうして徐々に多くのアリが餌と巣の間を往復するようになるわけだ。

　では、餌と巣との最短経路はどのように形成されるのだろうか？その答えはフェロモンの揮発性にある。フェロモンは香水のようにだんだんと匂いが消えていく性質を持っている。すると興味深い現象が起こることになる。

　アリは匂いに従って移動するとはいえ、機械のように正確に常に匂いに沿って移動するわけではない。たまたま石があって避けるとか、枯れ葉がルート上に落ちてきてちょっとだけ違うルートを歩くはめになるなど、いろいろな状況で本来のルート以外の移動が発生する。すると、結果として、本来のルートよりも餌と巣との移動距離が短くなるルートを偶然選択するアリが現れる可能性が出てくる。すると、このアリも他のアリと同様に餌があることを示すフェロモンを付けて移動することから、その新しいルートを移動するアリが本来のルートと同じ要領で増えていくことになる。ここで興味深い現象が起こる。本来のルートとより移動距離が短いルートの２つのルートでは、フェロモンは徐々に蒸発していくことから、移動距離の長いルートのほうが、アリが餌か巣にたどり着くまでにフェロモンが蒸発する可能性が高くなってしまう。より短い経路のほうが安定して巣と餌の間を移動できることになり、最終的にはほぼ最短な巣と餌を結ぶ経路が形成されることになる。

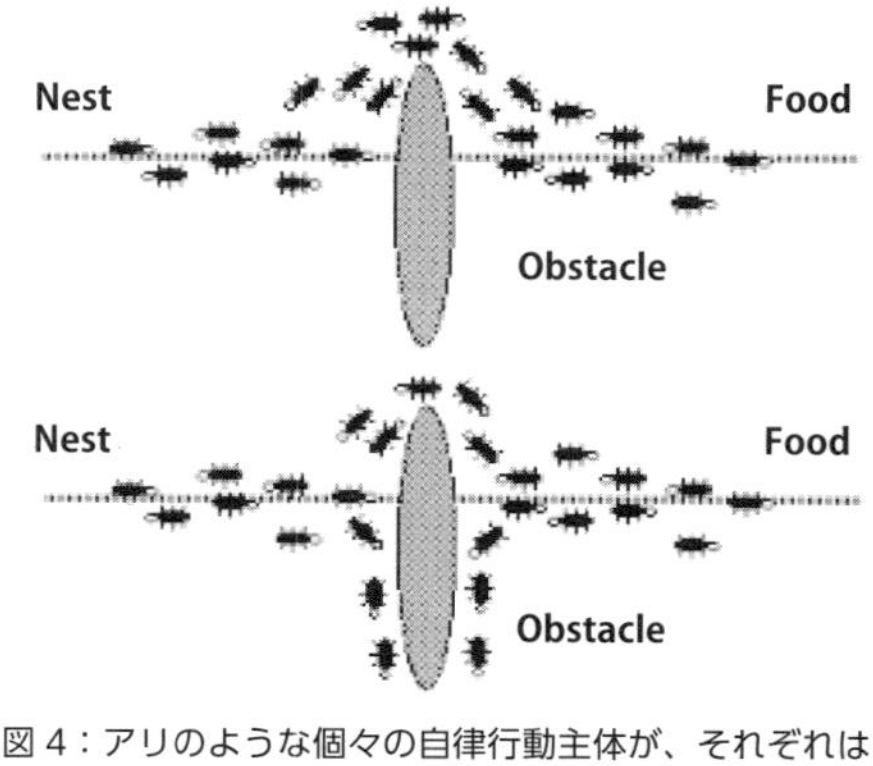

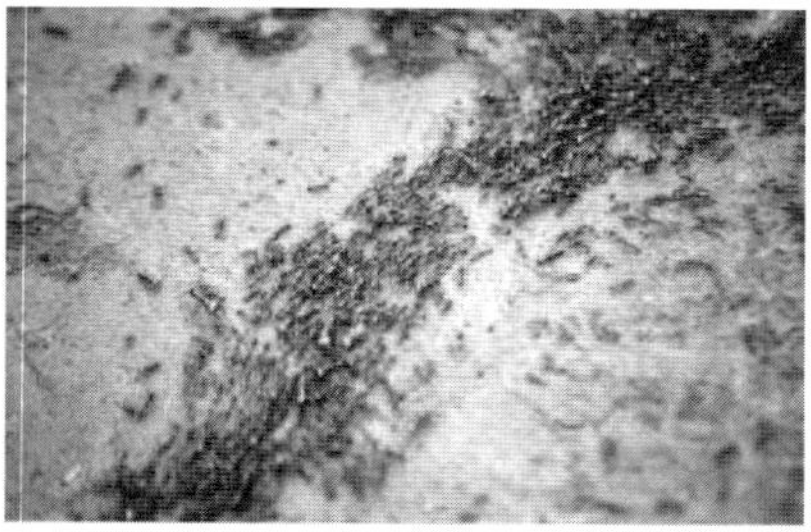

図４：アリのような個々の自律行動主体が、それぞれは自由意思にて独立に行動しているにもかかわらず、あるルールに基づいた行動をとることで、個全体として見たときに、個では実現できないレベルの知性が発揮される知能のことを群知能と呼ぶ。これは、神経細胞をアリと見立てたとき、個々の神経細胞は自らが生きるための活動をしているだけであるにもかかわらず、互いに電気信号を伝達するといったルールに従うことで、神経細胞全体として、アリであれば行列を創発させるように、脳として知能を創発させるという、アリと同じ構図なのである。

ここでの重要なポイントは、個々のアリは自分たちが最短経路を形成するために行動してはいないということである。最短経路は個々のアリの行動の総体として創発されるのだ。ただし、個々のアリはお互い勝手に行動しているように見えるものの、状況に応じて適切にフェロモンを付けるという共通のルールを持っている。つまり、フェロモンを介した間接的な協調行動により、アリ全体としての最短経路を形成するという、個々のアリの能力を超えた高い能力が実現されているのである。このように、個々が協調することで、全体として個々の能力を超える高い知能が創発される仕組みのことを群知能と呼ぶ。

アリは最短経路を探索するという群知能を創発させることができるわけだが、このメカニズムはACO（Ant Colony Optimization）という工学的な最適探索手法として実際に有用な探索手法として確立されている。まさに自然から学んだ知見が有用な技術として活かされているのである。

群知能の重要性を強調するため、アリに加えてもう1つ興味深い群知能の例を紹介しよう。パプアニューギニアの山奥に生息するある昆虫が群知能として驚くべき能力を創発させるのである。同期現象である。その昆虫とは蛍だ。同期とは複数の個体がタイミングを合わせて動作することだが、ここに生息する蛍は、1本の木に何万匹もがくっつき、タイミングを合わせて全個体が点滅を繰り返すのである。なぜ同期するように進化したのかというと、点滅するのはオスであり、繁殖期により多くのメスに気付いてもらうため、より明るく点滅したほうがより遠くにいるメスにも気付いてもらえる可能性が高まる、というのが理由らしい。同期は工学的にも極めて重要な技術である。特にIoTにとっては生命線ともいえる。IoTの進展によりさまざまな場所に大量のセンサーが設置され、膨大な実世界情報を収集するインフラが整備されつつあるが、センサー情報を正しく利用するには、単にセンシングした値に加えて、どの時刻のときの情報であるかが極めて重要である。2つのセンサーA、Bがあり、Aが反応して1秒後にBが反応したにもかかわらず、Aの時計が狂っていて2秒遅れていたとすると、収集されたデータとしては、本当はAが先に反応したのに、BがAよりも1秒先に反応したということになってしまう。センサーが反応する順番が極めて重要なデータであった場合、これは致命的なエラーとなってしまう。そこで、すべてのセンサーが正しい時刻で動作することが必須となるが、すべてのセンサーがインターネットに接続され、時刻情報を管理できるわけではない。デバイスに内蔵された時計での時刻管理しかできないタイプもある。その場合は、近隣のセンター同士、通信を通してお互いの時刻を同期させる作業が必要となるが、ここで、問題が発生する。仮にリーダーに相当するサーバータイプのセンサーが他のセンサー通信して時刻を同期させようとすると、通信量が大きくなってしまう。無線通信タイプのセンサーは電池駆動であるものも少なくない。本来のセンシング以外の時刻同期のための通信に多くの電力を要してしまっては、本末転倒である。

この蛍の同期の仕組みがいかに魅力的であるかがお分かりになったかと思う。リーダーも存在しないのに同期ができるのだ。蛍も点滅に過度なエネルギーを消費したくはないであろうから、おそらくエネルギー消費が少なく動かす方法を進化の過程で獲得しているはずである。

さて、蛍はどうやって同期のタイミングを調整しているのだろうか？　1本の木に何万匹もの蛍がくっついているのだから個々の蛍の周りにも蛍がぎっしり位置しているだろう。同期を実現する簡単な方法は、もちろんリーダーに従うことである。オーケストラの指揮者のような蛍に皆が呼応すれば、簡単に同期できるであろう。しかし、過度に密集した状況では皆が1匹の蛍の点滅を知覚することは不可能であろうし、そもそも昆虫はそれほど視覚能力は高くはない。同期は人であっても難しい。サッカーや野球のスタジアムで観客が立ったり座ったりすることでウェーブを起こすシーンを想像してほしい。ウェーブは簡単に実現できるのだ。なぜなら隣が立ったら自分が立てばよいからである。しかし、ウェーブは起こせるが観客全員が一斉に立ったり座ったりする現象は見たことがない。実は蛍においてもすぐに同期的点滅が発生するのではなく、それぞれがランダムにバラバラに点滅する状態からウェーブの状態に移り、比較的短時間で同期的点滅に移るという過程を経ている。この同期的点滅現象はYouTubeで検索すると簡単に見つかるので、ぜひご覧いただきたい。まさにアリと同様に、極めて高い知的な動作が蛍全体として創発されるのである。ただし、蛍はアリのように移動しながらフェロモンを使うということもなく、移動することなく点滅を繰り返しているだけだ。アリの場合は個々が共通した行動規範に従うことで協調動作が生まれ、それが全体としての高い知能を創発すると述べたが、同じ群知能でも蛍はアリとは異なる原理で高い知能を創発させることに成功している。それが次節で述べるネットワーク構造である。

複雑ネットワーク

まず、有名な手紙の実験を紹介しよう。1967年に社会心理学者のスタンレー・ミルグラムがある不思議な実験を行い、それは「スモールワールド実験」などとも呼ばれている。以下がその実験の概要である。実際は米国国内で実施された実験であるが、イメージしやすいように日本での実験として説明しよう。

まず、九州在住の複数人を電話帳などからランダムに選び出す。日本全国から、とはいわなくても九州在住の1000万人を超える人々からのランダムな選出により、選ばれた人同士がお互いに知り合いである可能性は極めて低いだろう。そして、次に北海道から同じように1人を選出する。九州と北海道ではさらに物理的な距離も離れているし、九州で選出された人々と北海道から選出された1人がお互いに知り合いである可能性はさらに低くなる……というか、おそらくは選出された人々全員がお互いに知り合いである可能性はほぼゼロだろう。さて、こうして選び出した九州の人々に対して、ある封書をそれぞれ北海道から選出の１人に送り届ける指令を与えるのである。しかし、封書には送付先の具体的な住所は書かれておらず、「北海道で貿易商を営んでいる橋本さん」としか書かれていないのである。無論、手渡されたほうは、そんな人を知るわけもなく、困惑するだけだろう。彼らが橋本さんと直接知り合いであるわけはなく、封筒を届けるなど荒唐無稽な話である。しかし、彼らには封筒を届けるために、ある行為のみしてもよいと言い渡されていたのである。それが、「封筒を届ける相手と知り合いでない場合、相手を知っているかもしれないと思うあなたと親しい友人には封筒を手渡ししてもよい」というルールであった。封筒を送られた友人も、同様の方法で封筒を彼の友人に送ることのみ許される。このようにバケツリレーの要領で封筒を橋本さん目指して送り届けようというのである。

さて、封書はちゃんと橋本さんに届いたのであろうか？　直感的にはまず届くわけがないと思われるかもしれない。われわれはいったい何人くらいの友人がいるのであろうか？　単に知っている以上の親しい友人である。そう多くはないだろう。仮に１人１００人の友人がいるとして、それを１つの知り合いグループとすれば、１００００人いれば、およそ１００個のグループがあることになる。２つのグループの両方に属する人もいるであろうから、そのような人を介してグループ間を情報が伝達できるとすると、１００００人いればその中のお互い知り合いでない２人が連絡し合うには１００人のバケツリレーが必要ということになる。実際には２つ以上の多くのグループに属する人もいれば、１００人より多くの友人を持つ人もいるだろう。よって１００人よりも少人数のバケツリレーで済むのかもしれないが、手紙の実験は１億人という日本の総人口を相手とした実験である。経由した人は最低でも数千人であろうか？

実験の結果はとても興味深いものとなった。最終的には届かなかった封書もそれなりにあったのであるが、いくつかがちゃんと橋本さんに届いたのである。そして、実験の仕方がいろいろ改良され、最終的にはすべての封書が届くようになった。驚くべきは仲介した人の人数であり、たかだか6人だったのである。

これは何を意味するのかというと、つまり、日常生活ですれ違うさまざまな人々はお互いは知り合いではないとしても、たかだか6人の友人を経由すれば友人かもしれないのだ。お互い他人のはずのAさんとBさんであるが、Aさんの友人の友人の友人の友人の友人の友人がBさんという意味である。1億人もいる中から無作為に選んだ2人であるにもかかわらずだ。そして、この結果は、ミルグラムが米国で行った実験でも同じく米国2億人（実験当時）において6人だったのである。

このような、一見局所的なつながりしかないと思えるネットワークが実は全体ともつながりがあるような構造を、スモールワールドと呼ぶ（ワッツ2006）。では、スモールワールド性を発揮させるのはどのようなつながり方なのだろうか？　そのつながりは「ショートカット」とか「弱い紐帯」などと呼ばれる。ネットワーク全体を友人関係のような局所的なサブネットワークの集合体として考えてみよう。お互いのサブネットワークワーク同士を接続するつながりはない。もちろん、これでは全体的なつながりはなく個々の局所的なネットワークの集まりにすぎない。しかし、ここで全体のほんの数%というごく少数のつながりを各局所ネットワーク間に張ってみる。すると、ごく少数であるのに、それらをショートカットとして利用することで、ネットワーク全体を容易に移動できるようになるのだ。しかも、ショートカットとして新規に敷設したつながりは全体の数%であることから、個々の局所ネットワークの局所性は維持されたままである。これが、局的なネットワークの集合体にもかかわらず、全体的なレベルでのつながりもあるネットワーク構造の正体なのである。いわれてみれば当たり前と思えるカラクリかもしれないが、このネットワーク的特性が詳細に分析され始めたのは1990年代であり、比較的最近のことなのだ。

そして、スモールワールドと並び有名なネットワーク構造にスケールフリーネットワークがあり、このような特徴的なネットワークを総称して複雑ネットワークと呼ぶ。なぜ、ここでそのようなネットワークの話題を引き合いに出したのかというと、ここで、ようやく話を蛍の同期現象に戻すことができるのだが、同期現象を起こす仕掛けこそ、このスモールワールド型のネットワークにあるのだ。いったいどこにあるのかというと、それは個々の蛍がどの蛍の点滅に反応して自分も点滅するのかという蛍の関係をネットワーク化したときのネットワークがスモールワールド型なのである。

ほとんどの蛍はお互い局所的な仲間の点滅に反応して点滅するだろうから、局所的な蛍の塊においてはウェーブとなる。しかし、局所的な塊を構成する蛍の数はそう多くないことから、程なくしてウェーブから同期に移行することが可能だ。そして、蛍全体がスモールワールド型ということは、局所的なグループ内に少数ではあるが、他のグループの蛍が偶然見え、その蛍の点滅に反応する蛍がいることを意味する。数万匹の蛍が密集した状態で、両端に位置する蛍同士が同期するには、多くの蛍を経由することから規模の大きなウェーブにしかならないはずが、この塊が複数の局所的なグループの塊の集合で、ちょうど両端に位置する２つのグループであるにもかかわらず、偶然、数匹の蛍がたまたま木の枝や葉、そして他の蛍の位置から隙間があり、左端のグループの蛍が、右端のグループの蛍の点滅が見え、それに反応して点滅したとしたらどうなるだろうか？　両端に位置するグループ同士は容易に同期モードに移行できるだろう。つまり、蛍がどの蛍を見て点滅するかのネットワークがスモールワールド型であることは、個々の蛍が全体の蛍の点滅に反応できるということだ。よって、本来ならば局所的な反応しかできない蛍の集団ではウェーブしか発生しないはずが、短時間で同期的点滅に至ること

図５：蛍の同期現象

インドネシアなどの熱帯地方では、１本の木に数千の蛍が止まり、同時に点滅を繰り返す現象が見られ、「蛍の樹」と呼ばれている。

ができるのである。まさに、数万匹の蛍が同期するという知的な能力の創発に、ネットワーク構造が重要な役割を果たしているのだ。

そして、われわれ人間は、現時点において最も知的能力を発揮する生物であるが、その高い知能も、アリ型の群知能と蛍型の群知能の両方によって創発されているのである。われわれの脳はおよそ２０００億個、人体では60兆個という膨大な数の細胞で構成されている。１つ１つの細胞もさらに微少なパーツで構成されているが、ここでは細胞を最小単位とする。個々の細胞も基本的にはそれぞれ自分が生きるための活動をしているだけであり、個々のアリと変わりはない。しかし、そのような細胞が集まることで細胞全体として見たときに、個々の細胞では実現不可能な臓器としての特別な機能を創発したり、さらにそのような能力の異なる臓器が集まり、知性を発揮する人体という1つの生命体を創発したりするのである。われわれ人体を始めとする生物は、群知能型のシステムなのだ。

図６：蛍の見える見えないネットワーク

個々の蛍がどの蛍を見て反応するのかを、見える見えないネットワークとすると、そのネットワークは自分の隣しか見えない蛍の小集団の集まりであり、個々の小集団にそれぞれ他の小集団の蛍が見える蛍が少数存在するようなネットワーク構造となり、まさにスモールワールドネットワーク構造となっている。

まさにアリの群れが行列を創発することと、細胞が群れて人体を形成して知能を創発することとは、基本原理は同じなのである。無論、原理は同じであっても、群れる規模や複雑さは人とアリとではあまりに違いすぎるが、人のような知能を創発させる基本原理がアリと同じということは極めて興味深い。そして、人が脳で知能を創発させる仕組みとしては、前述のアリの群れが行列を創発させる仕組みに加えて、蛍の同期の創発の仕組みである特徴的なネットワーク構造も重要な要素なのだ。では、どこにそのネットワーク構造が存在するのかというと、脳を構成する個々の神経細胞が他の神経細胞と大規模複雑ネットワークを形成しているが、まさにこのネットワークの構造こそ、蛍の同期創発で登場したスモールワールド構造なのである。脳は単に膨大な数の神経細胞がお互いにランダムに接続されているのではなく、大脳・小脳・海馬・扁桃体などといったいくつかのパーツから構成されている。まさに人体が複数の臓器の集合体であるのと同じように、脳も複数の部位の集合体なのだ。個々のパーツはそれぞれ異なる能力、すなわち、記憶や認識、情動などの役割を持ち、それらが集まり互いに連携することで脳全体としての機能を創発させる。まさに、蛍の同期であれば個々の局所的なグループが大脳や小脳であり、それらがショートカットの役割を持つ神経細胞同士によりお互いに接続されることで、脳全体としてのネットワークを構成しているのである。進化の過程でこの構造を試したところ、高い知能が創発され、自然界で生き残ることができている、というわけだ。つまりは、脳においても、スモールワールドというネットワーク構造が知能を創発させるための重要な仕掛けということなのである。

人が試されるときが来る

いずれにせよ、人工知能の知的レベルは向上し、高い自律性を備える人工知能も実現されるだろう。

そのような人工知能に対しても「道具をどのように利用するかはユーザーの問題」という姿勢は許されるのだろうか？　包丁はもちろん料理のための道具であるが、人に危害を与える能力も持ち合わせている。では、包丁職人は、包丁を作るにおいて、料理には使えるが、悪用されない仕掛けを組み込む必要があるのだろうか？　これまでの科学技術においてマリ・キューリーにせよ、ロバート・オッペンハイマーにせよ、アラン・チューリングにせよ皆葛藤があった。真理を追究したいという純粋な科学者としての立場と、それが悪用されたときの影響に目を向けるかどうかの葛藤である。これまでの歴史において唯一人類が追求を踏みとどめているのは「人のクローンを作ってはならない」という事例のみだという。命に対する畏怖であり、神の領域には立ち入らないということである。

しかし、科学技術はそもそも人が使う道具という立場であること、そして生命とは明らかに異なる素材であることから、命に対する畏怖の感覚を抱くことが難しい。もちろん高汎用型人工知能は人に大きな利便性をもたらし、実際に社会に浸透していくであろう。しかし、必ず反社会的に利用することを考える人間が存在することも事実である。高い能力を持つ技術はそれが悪用や想定外に事態となってしまったときの影響も大きい。悪用ではないものの、人の制御の可能性を超えた力の脅威を思い知らされた3・11を始め、特に日本はそのことを思い知っている。中央省庁においては、特に総務省において「AIネットワーク」というキーワードにて、人工知能研究開発におけるガイドライン策定やどのように利活用するのかといった議論が展開されている。また、世界規模な組織である非営利団体FLI（Future of Life Institute）など、人工知能を平和利用するための開発指針策定に関する世界的な動きが加速していることは正しい流れであり、もちろん、この動きに対する期待は大きいものの、われわれがまだ実際に目にしたことがないモノに対しての対策は難しい。われわれが試されるときが迫っている。

開発指針と倫理

以上、本書における他章の内容からも、そして、本章で触れた汎用人工知能や自律型人工知能など、極めて有用である反面、これからどのように進化していくか予測が困難な人工知能に対して、中央省庁や学会など、さまざまな場所においてそのような人工知能はどのような開発ガイドラインとすればよいのか、そして、どのように利活用していくのかといった議論も盛んになりつつある。

皆が納得できるガイドラインの策定を目指すことから、人工知能研究者だけでなく、法律や知的財産の専門家、ＩＴ企業トップなどさまざまな関係者を巻き込んでの議論が必要となるが、しかし、それは多様性の観点からは正しいものの、「人工知能」に対する捉え方がバラバラな人を集めて「人工知能開発指針を決める作業をせよ」いう、かなりむちゃな課題でもある。ディープラーニングの延長線に高汎用型があるという見方の人もいれば、開発ガイドラインは用途限定型に特化したほうがよいとの主張もあり、そもそもが高汎用型人工知能に必須な「自律性」ということについては、一般的にはまだ認知されてはいない。また、制御可能性や透明性の確保についてもその必要性が当たり前のように主張される。われわれが使うシステムの制御可能性や透明性を確保することは当たり前だし、その必要性を問われれば誰もが１００％必要と答えるだろう。しかし、すでにディープラーニングにしても、人が理解できるレベルでの透明性はなく、高汎用型人工知能を１００％制御することはできない。そもそも制御できる保障がないのが高汎用型なのだ。つまり、これから開発される人工知能が制御可能性も透明性も確保できないのだ、という認識を皆が共有することが重要だろう。その上で、そのような人工知能を開発するための指針をどのように考えるかという建設的な議論が必要なのである。総務省での議論の経緯やガイドライン案の具体的な中身については、人工知能ネットワーク社会推進会議ホームページを参照いただきたい。

以下はあくまで筆者の試案であるが、１００％の制御可能性が保障されない高い自律性を持つ人工知能をどのように実社会に投入すればよいのであろうか？　高汎用型人工知能は、道具として見た場合、人にとってこれほど便利なものはない。でも万に１つでも誤動作したら、という不安があっては安心して使用することはできない。ずばり、ある小さな島全体を汎用型人工知能特区などとし、可能な限りのあらゆる状況にて長期間にわたる徹底的な実環境での動作テストを行うといった箱庭的な方法しかないと考えている（「Jurassic Park」をもじって「AIssic Park」とでも呼ぼう）。

また、開発指針と同じく議論され始めているのが、人工知能開発における倫理である。医学実験などにおいてよく倫理委員会での審議といった話題がニュースになるが、まさに人工知能開発における倫理という意味である。これについては国内における人工知能研究に関する学会であり、人工知能学会が設置している人工知能学会倫理委員会において特に深く議論されており、倫理指針といった文書もすでにとりまとめられている。筆者も倫理委員

図７：AIssic Park

会のアドバイザーを拝命しているが、特に指針９条「（人工知能への倫理順守の要請）人工知能が社会の構成員またはそれに準じるものとなるためには、上に定めた人工知能学会員と同等に倫理指針を順守できなければならない。」は、人工知能研究者だからこそ生み出すことができた条文だと思う。人工知能自体が倫理指針を守る必要があるという内容であり、これはまさに自律型人工知能のことを意味していると筆者は理解している。

そもそも主役は「人」か「知能」か

日本におけるミスターシンギュラリティこと、宇宙物理学者にして神戸大学名誉教授の松田卓也先生によれば、人工知能についての考え方で「宇宙派」「地球派」という分け方がある。

人工知能は当たり前であるが人のために人が開発するものである、という立場が地球派である。これに対して、宇宙派は、主役を「人」ではなく「知能」と考えるのである。そして知能の目的はその知的レベルの向上である。この見方だと、人類が登場するまでにおいて、他の生物によりそれなりに知能のレベルが向上し、人類の登場によりレベルが格段に向上し始める。そして人類が生み出した人工知能、そして、人を超える人工知能の登場によりさらに知能のレベルが指数関数的に向上していくという流れである。人類は知能という主役がその知的レベルを向上させるある一時代を担ったという見方である。まさに宇宙的スケールであるが、安易に宇宙派的な立場を否定することもできない。本章の流れに従えば、人が高汎用型人工知能と共生できれば、人工知能は人を超えることなく地球派としての人工知能ということになるが、人工知能により知能がさらに進化し、人から離れた存在となっていく方向になるとしたら、それは宇宙派としての人工知能になっていくということなのだろう。無論、筆者を含む現在のわれわれ人としては、地球派としての人工知能の実現を目指すわけであるが、一方、宇宙派としての知能を実現し得るような人工知能の実現、そして知能というものがどこまで進化するのかを見てみたいという純粋な興味があるのも事実である。

予言

いろいろ勝手気ままに本章を書いたわけであるが、最後に、それらがいつ起こるのか？といった時間的な予測についても触れておかねばならない。本章の流れであれば低汎用型人工知能や意識を持つ高汎用型人工知能、そして生物のように自己創出能力を持つレベルの人工知能がいつ登場するのか、ということかと思う。

まず低汎用型人工知能はすべてが作り込みであることから、技術的な壁は低く、現在の用途限定型人工知能開発の延長線として徐々に登場してくるであろう。すでに掃除ロボットは広く普及しつつあり、掃除という、具体的かつ実際に有用なタスクをこなす用途限定型人工知能搭載機器がまずは社会に浸透・定着し、その後、徐々にそれらの機器の汎用化が進むという流れになると推察される。

しかし、社会に浸透するため最大の壁は、人工知能よりも、実環境で多くのタスクをこなすためのハードウエア、つまりロボット技術の進化のほうが重要であるという意見もある。特に人の手の指の動きなどは極めて複雑で、ロボットとして実現するのは難しい。そしてもう1つの壁がセンシングである。IoTという言葉も人工知能と同様にあちこちで聞かれるキーワードであり、本書でもIoTについて小泉先生に執筆いただいている。モノのインターネットということであるが、確かにさまざまな場所でセンサーが設置されていることに気付かされるが、実はまだまだ圧倒的に足りないのだ。特に人のセンシングはゼロに近いという状況である。本書でもセンシングの重要性をいろいろ述べてきたが、人と共生し人に寄り添う人工知能を実現するには、人工知能が人を知ることが必要である。われわれも初対面の人とのやり取りが難しいことと同じだ。人は自分の五感というセンサーを通してセンシングしている。人工知能はそれをさまざまなセンサーを使って行うことになるわけだが、人のセンシングは難しい。人が何を見て、聞いて、どのような振る舞いをしたのか、そのときの体温やストレス値、感情などを記録できることが理想だが、現在の技術ではそれらのほぼすべてにおいて満足なデータを恒常的に収集することはできない。まさにセンシング技術の進展も極めて重要な課題なのだ。

そして、高汎用型人工知能については、本章で述べたようにメタプランニングやマルチモーダルデータをネットワークとして処理する技術についての革新が必要なものの、こなせるタスクの数や自律性の高さは低い。しかし、おもちゃレベルであったとしても、真に自らの判断において行動選択を行うタイプの人工知能であれば２０２５年までには登場するのではないだろうか。

もちろん、環境認識レベルや対話レベルなどの個別の能力も用途限定型人工知能の進化と共に向上するだろうから、高汎用型人工知能のコアモジュールに、これら用途限定型人工知能で高度化

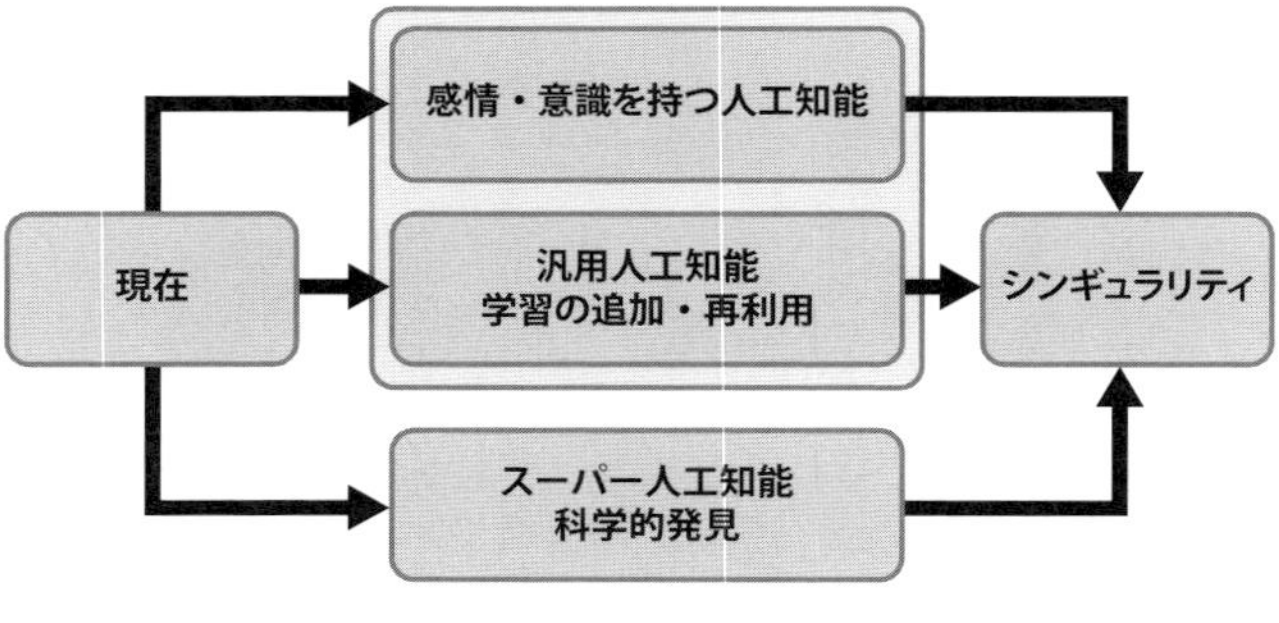

図８：今後の人工知能研究の展開

人工知能技術のビジネス展開はさまざまな業務の効率化への展開が最も容易であり、人で対応できない大量のデータからの知識発見など、ビッグデータを対象とした用途としての利用が先行している。しかし、特に今後日本特有の問題である少子高齢化を迎えるにあたり、人工知能を重要な労働力の補填も急務なのである。すると、そのような人工知能は、ビッグデータ処理のための人工知能のようにデータが相手ではなく、人とのインタラクションが必要となる。人のための人工知能なのであるから、生活現場に人工知能が投入されることで、人が脅威や不安などを感じるようなことがあってはならない。そのため人が安心感や親近感を抱くことができる人工知能とすることが必要であり、そのような人工知能には高い汎用性も求められる。

された各人工知能要素技術を組み込むことで、おもちゃレベルからいきなり実用レベルに進化させることは容易であろう。これが実現するのは２０３０年くらいと考えられる。これは、本書が書かれた２０１７年からおよそ15年後には人工知能と人の社会的地位の逆転が起き始めることを意味している。ここで「逆転」という言い回しを使ったが、それは支配されるという意味ではなく、われわれが便利だから、計算することを止めて電卓を使用し始める、ということと同じ図式である。

そして、自己創出系としての人工知能の登場だが、自己創出系としての人工知能をそもそも人類が必要とするのか、という問題もあるし、開発ガイドライン次第かもしれないが、これは実現されるかどうかは不明である。ただし技術的には２０４０年くらいには可能になっているかもしれない。それも現在のロボットをイメージするものではなく、ナノテクノロジーの進展による、人が細胞の自己組織化で構成されるように、細胞レベルの細微のナノマシンの自己組織化によって構成される自己創出系かもしれない。もはや、ここまでになるとＳＦの世界と思われるかもしれないが、現在のコンピューターの骨格を発明したフォン・ノイマンが、なぜコンピューターという発明をしたのかというと、生物のように機械が機械を生み出すシステムを作りたかったからなのである。今後、自己創出型人工知能が本当に実現するとすれば、それはフォン・ノイマンの壮大な夢がようやく実現されることを意味するのだ！

２０１０年くらいまでであれば、さまざまな技術のロードマップ作成は比較的容易であったのに対し、２０２０年や２０３０年となると指数関数的な変化が急上昇中の段階と推察される。つまりは過去を見ての未来予想がほぼ不可能ということだ。技術的なおそらく3年先、頑張って5年先の予想が限界であろう。つまりは、10年後の予想として、「頭にプラグを入れてネットワークと脳が直結できるようになっている」などというとおそらくは、ほとんどの人が空想だとか、妄想だなどというのであろう。しかし、逆にほとんどの人が納得するであろうレベルの10年後の想定は5、6年で実現され、10年後はおそらくは妄想レベルが実現されているのであろう。１９６０年代に提案されたＴＣＰ／ＩＰというインターネットの基盤を考えた研究者たちは現在のインターネットの利用の実態を創造できたと思えるだろうか？　そして、２００５年にサービスが開始されたＹｏｕＴｕｂｅに動画を投稿して儲ける職業が登場するなど、誰が予想したであろうか？　技術が加速度的に進化するということは、われわれ人も加速度的に進化するのである。進化についていけずに淘汰される人々も出てくるであろうし、進化の最前線で進化に適用し、新たなイノベーションを起こす人々も出てくるだろう。生物の進化は何億年というスケールで起こるダイナミクスであるが、われわれ人が生み出した科学技術は年単位という速いスケールで進化する。もはや科学技術と共に生きることを選択したわれわれ人類は、生物としての進化のラインから脱却しつつあるのかもしれない。２０２５年になったとき、本書は予言書となっているか、それとも的外れな本となっているか楽しみである。

●参考文献

1 ［人工知能２０１６］『人工知能とは』、監修人工知能学会、近代科学社、２０１６．

2 ［前野２０１０］前野隆司『脳はなぜ「心」を作ったのか「私」の謎を解く受動意識仮説』、ちくま文庫、２０１０．

3 ［カーツワイル２０１６］レイ・カーツワイル『シンギュラリティは近い――人類が生命を超越するとき――』、ＮＨＫ出版、２０１６．

4 ［ワッツ２００６］ダンカン・ワッツ（著）、栗原聡、福田健介、佐藤進也（翻訳）『スモールワールド――ネットワークの構造とダイナミクス』、東京電機大学出版局、２００６．

5 ［鳥海２０１７］鳥海不二夫（著）『強いＡＩ・弱いＡＩ研究者に聞く人工知能の実像』、丸善．

あとがき

電気通信大学　産学官連携センター客員教授
久野　美和子

生命の進化と社会システムの進化（ヒューマンインターフェース）

この本は、国立大学法人電気通信大学が設置した国立大学初の人工知能研究拠点、「人工知能先端研究センター」に所属する先生方の執筆により、２０２５年時点で人工知能が到達している地点を予想するとともに、これからの社会に人工知能を生かすための技術を解説する書籍です。

本の執筆への取り組みの原点は、平成29年1月に開催された電通大セミナー「健康長寿社会に向けて、人工知能と人間力の融合・連携」終了後の懇親会場でした。会場は、セミナー終了後も、講演者・参加者が混じって交流会をする中、熱気で盛り上がっておりました。当日のセミナー概要をご紹介しましょう。

Column

セミナーの解説記事

「健康長寿社会に向けて、人工知能と人間力の融合・連携」は、2017 年 1 月 26 日（木）13:00 〜電気通信大学創立 80 周年記念会館 3 階フォーラムで開催されました。開催趣旨は、「HQOL に向けて、医療行為から健康・予防「ヘルスケアー」への取組がますます重要となっている状況において、IOT・ICT・人工知能のヘルスケアー・HQOL 社会に果たす役割は何か、人間力との連携・融合をどのように図ったら良いか」について、大学の先生・ベンチャー企業社長等から産官学の立場でご講演いただき，参加者との最先端情報の共有化を図り、各人がそれぞれの立場で生かすこと、また、セミナーで知り合った方々との人財ネットワークを構築し、次の共同研究開発や事業化、さまざまな取り組みに活用することでした。講師は、経済産業省ヘルスケアー産業局情報政策課・江崎禎英課長、㈱ソニーコンピューターサイエンス研究所シニアリサーチャー・桜田一洋先生、電気通信大学人工知能先端研究センター教授・栗原聡先生、同・坂本真樹先生、情報理工学研究科准教授・小泉憲裕先生、SENSY 人工知能研究所・渡辺祐樹代表です。参加者は 80 名強、電気通信大学内の関係者を合わせると 100 名近くになり、会場は大入り満員状態でありました。セミナーに参加された多くの方々からは、懇親会で「明確なミッションに基づく最先端の情報を得た、大変有意義な役に立つセミナーであった、今後に生かしたい」との評価でありました。

セミナーの余韻の残る・交流会の席上、電通大の先生方らと「人工知能は、どこまで人間の役に立つのか」、「人間が不用の時代になっては困る！」など、議論が盛り上がっていたときに、オーム社の方々と出会いました。そして、「人工知能がいかに人間と共存できるか、の視点で本を出そう。」との意見がまとまりました。

したがって、本の出版の目的は、人工知能研究・技術成果を実装し、「人類が幸せに生き抜くために、人工知能を適切に活用する」社会にしていくことへの、読者を含む皆さまとの協働を期待する啓蒙《けいもう》・普及書であり、内容としては、人工知能の開発と実用化について比較的予測が可能な「２０２５年までの未来予想」としています。

２０１５年以降は（歴史をあとから振り返ると）、大変革期であったと解析できるでしょう。今ほど激しい社会システムの進化は、中世の産業革命以来です。ここで少し「生命の進化」と「社会システムの進化」について歴史を紐解いてみましょう。

生命の起源・進化――人間とは何者か?

137億年の物語（宇宙が始まってから今日まで）の中で命の誕生は「生命45億年の歴史の始まり」となる。

第一部 母なる自然（137億年前～700万年前）
「宇宙の誕生」「生命はどこからきたか」「大陸は移動する」「恐竜の絶滅」「花が初めて咲いた日」「昆虫の文明」「哺乳類、陸へ」など

第二部 ホモ・サピエンス（人類：700万年前～紀元前5000年）
「氷河期の到来」「二足歩行と脳」「心の誕生」「人類の大躍進」「狩猟採集民の登場」「大型哺乳類の絶滅」「農耕牧畜の開始」など。

第三部 文明の夜明け（紀元前5000年～西暦570年ごろ）
「文字の発明」「エジプト文明、インダス文明、巨石文化」「金属・馬・車輪」「ローマ帝国の技術」「発見前の南北アメリカ」など。
この時代から、人類は簡単な機械（人工物）を作り始めました。しかし、いわゆる、人類の思考や感性（右脳、左脳）に相当する機能の開発はありません。

第四部 グローバル化（西暦570年ごろ～現在）
「紙、印刷術、火薬」「中世ヨーロッパの停滞、イスラムの科学的発展」「中南米を簒奪する」「欧州を変えた新大陸の農作物」「植民地獲得戦争」「資本主義の勃興」「共産主義の挑戦と敗退」「3.11が変えたエネルギーの未来」

人工知能の歴史

人工知能（ＡＩ）の歴史は、古代の神話、物語、うわさなどから始まります。名匠が人工物に知性または意識を与えたという話です。パメラ・マコーダック（英語版）は人工知能の起源について「神を人

の手で作り上げたいという古代人の希望」だと記しています。

英語の「computer（コンピューター）」は算術演算（数値計算）を行う人を指す言葉でした。この用法は（英語圏では非常にまれになりつつありますが）今でも有効です。オックスフォード英語辞典第2版では、この語が機械的な計算装置を指す言葉として使われた最初の年を1897年と記しています。同辞典では、1946年までに、異なるタイプの計算機を区別するために、「computer」に付く修飾語句をいくつか導入しています。これらの修飾語の中には「analogue（アナログ）」、「digital（デジタル）」「electronic（エレクトロニック）」といった語が含まれています。しかしさまざまな引用文から、1946年以前にこれらの語がすでに使われていたことは明らかです。

現代の人工知能の種子は、人間の思考過程を記号の機械的操作として説明することを試みた古典的哲学者らが育みました。その延長線上で1940年代、数学的推論の抽象的本質に基づいたマシン、プログラム可能なデジタルコンピューターが発明されました。この装置とその背後にある考え方に触発され、一握りの科学者が電子頭脳を構築する可能性を真剣に議論し始めることになったわけです。

人工知能研究が学問分野として確立したのは、1956年夏にダートマス大学のキャンパスで開催された会議がきっかけです。その会議の参加者がリーダーとしてその後の人工知能研究をけん引することになりました。彼らの多くは人間と同程度に知的なマシンが彼らの世代のうちに出現するだろうと予測し、そのビジョンを実現させるためにかなりの資金で開発を試みましたが、うまくいかず撤収してしまいました。このようなブームと不況のサイクル、「人工知能の冬」と「人工知能の夏」が繰り返されてきました。このように評判の激しい変動があったにもかかわらず、人工知能研究は進展し続け、1970年代には解決不可能と思われていた問題も解が見つかり、製品にも応用されるようになっていきました。しかし、第1世代の人工知能研究者らの楽観的予測に反して、強い人工知能を持つマシンの構築は実現していませんでした。

ディープラーニングによる第３次人工知能ブーム――２００５年以降

２００５年、２０４５年にも圧倒的な人工知能が知識・知能の点で人間を超越し、科学技術の進歩を担い世界を変革する技術的特異点（シンギュラリティ）が訪れるとする説を、レイ・カーツワイルが著作で発表しました。

ディープラーニング、ビッグデータなどのキーワードで、伝えられるような人類の脳（左脳）の学習と記憶を持てるようになった２０１７年現在、深層学習の実用化成功により、人工知能の文字を新聞で見かけない日がないほどの人工知能ブームが再来し、企業も人工知能という言葉を積極的に使っております。デミス・ハサビスは「人工知能の歴史は誤ったはしごに登ってては下りるの繰り返しだった。『正しいはしご』にたどり着いたのは、大きい」と、人工知能の冬が再び訪れない可能性に言及しています。

今では、人工知能研究分野での成果は社会実装され、われわれの生きる世界のさまざまな課題を解決すべく、各分野で活用され始めています。

ＩＣＴ、ＩｏＴ、人工知能は、今や一瞬にして全世界の情報を収集・発信、加工できる機能を身に付け、人間社会に役立ちつつあります。

しかし、人間が有する「感性的な対話や場の空気を読んだインタラクション能力」などについては、まだ到達しているとはいえません。

●「人工知能」と「人間の本来知能」の違いと特徴

生命（人類、動物、植物など）が生き続けてこられた能力とは、「進化」「イノベーション」能力です。環境に適応して進化する、また、先導的には、人類に代表される「環境と生物の共存の仕組みを創ろうとするイノベーション」能力です。

人類は、自分たちの生きやすい環境を創るために、第1次産業革命〜第4次産業革命（農業、工業、情報、IoT・ICT）を興してきました。その結果が現代の環境と経済・産業・社会システムであり、環境と生物の共存との観点からは、かなりの課題を抱えています。

また、IoT・ICTの開発と並行して、人類の脳の機能（新皮質・左脳「学ぶ、計算・分析・解析、記憶」）の一部を代替できる人工知能を開発しました。その活用（社会実装）がこれから本格的になります。

人類は、何を期待して人工知能を開発したのでしょうか。最初は「人間の単純作業・重労働の軽減」「人間の休息なしの労働軽減」。次第にその機能は複雑・高度化し、「人間に代わる大量、複雑データの迅速な計算・分析・解析」「大量データ・情報の流通・伝達・ストック・再利用」「言語・画像・音・触覚による理解と相互インタラクション（コミュニケーション）」などなど、今では相当の領域について代替できることが期待され、そして実用化が始まっています。分野別人工知能活用時代です。

これからは、さらに高度な頭脳労働・感性領域にも人工知能が活用される時代となるでしょう。そのはしりが、人工知能はどこまで考えられるか（推論できるか）「囲碁」「将棋」の世界でのトライです。すでにここまで進化してきました。

一方、人類が持つ機能で、人工知能が当面は及ばない機能（能力）は、何でしょうか。それは、何百万年もかけた生き抜く力としての人類の脳の発達――認知（左脳）と感性（右脳）およびその統合領域――

による高度な「自己の認識を基にし、感性と直感で物事を把握する力、相手と共感を持つ能力、相互にインタラクションできる能力」「個人の飛躍的発想とイノベーションを生み出す力」「協働で新たなイノベーションを興し創り上げる力」などです。

人間に寄り添う人工知能の開発と活用

この本で伝えたかったことは、「人工知能は、あくまで人類が創る人工物」であることです。われわれの世界はどこまで進化するか、人間はどこまで幸せになれるか、といった事柄は、人工知能の開発と応用・活用がどのように進むかにかかっているといっても過言ではありません。

超高齢社会の未来の地球で、年齢を問わず、若者〜熟年〜高齢者はどのように幸せに力強く生きられるでしょうか。

現代という時代は、全員参加型社会（1人1人が、自分の生き方を自分で選択しようと思えばできる社会）、モノ⇒コト⇒心の時代です。一方、個人や人間社会の最適化だけでは、全体正解とはなりません。地球環境を守り、人類・生物全体が生きられる環境との調和を保つことも最重要になります。これらの社会システムは個別でありながら全体調和を創出することが求められており、こうした分野にも人工知能は有効に活用されるでしょう。

現在の第三次人工知能ブームもお祭り騒ぎ状態は沈静化し、いよいよ具体的な社会実装や利益を生み出すための動きが本格化しようとしています。これからは、人工知能が社会にしっかり浸透できるかどうかが問われていくことになります。

世間一般では、人工知能の争点は「高度化した人工知能による職の置き換え問題」が最も大きな課題として扱われがちですが、「2025年問題（注1）」に象徴されるように、日本を筆頭とする先進国においては今後、少子高齢化が加速し、労働力の人工知能による早期補填への要求がより切迫した問題となると予想されます。労働力不足が懸念されるのは農林水産業といった第一次産業のみならず、製造業・建設業等の第二次産業、商業・金融業・運輸通信業・サービス業等第三次産業に至るまで、あらゆる分野で、人工知能が労働力として投入される必要性・頻度が高くなることが想定されます。ここで人工知能に対して課題となるのは『事務的なやり取り』のみではない、より感性的な対話や場の空気を読んだインタラクション能力」が出せるかどうかです。なぜならば、これからの人工知能には単に労働力の補填としての位置付けのみならず、人間と接し「共存」することで力を発揮することが求められるからです。現在の人工知能が最も苦手とするこれらの能力を実現するには何が必要でしょうか。

本書は、東京五輪も終わり、超・超高齢社を迎え大きく様変わりしているであろう「2025年」において、人工知能が到達している地点およびクリアできていない課題を予測するとともに、各章で、これからの社会に必要な人工知能研究と活用に焦点を当て、求められる能力を実現するための「人工知能研究における感性への取り組み」そして「人との重要な対話（自然言語処理）への取り組み」、「ロボットという身体を持つとともに、コミュニケーション能力の開発・育成」、「IoT、人工知能・ロボット技術による少子高齢化時代の成長戦略、これらの技術を十二分に活用するための思考展開法」について解説しています。そして、今後の人工知能研究の展開・未来予測として、「感情・意識を持つ人工知能」「汎用人工知能（学習の追加・再利用）」「スーパー人工知能（科学的発見）」について提言しております。

日本における経済・産業・社会システムのあり方、さまざまな課題解決のための戦略は、「Society 5.0に向けた戦略」によれば次の通りであり、IoT、ICT、人工知能が基盤となっています。

（注1）団塊の世代が75歳を超えて後期高齢者となり、日本国民の3人に1人が65歳以上、5人に1人が75歳以上という、人類が経験したことのない「超・超高齢社会」を迎えるという予想です。

1　健康寿命の延伸（①データ利活用基盤の構築、②保険者・経営者による「個人の行動変容の本格化」、③遠隔医療、人工知能開発・実用化、④自立支援に向けた科学的介護の実現、⑤革新的な再生医療等製品等の創出促進、医療・介護の国際展開の推進）

2　移動革命の実現（①車、トラック、小型無人機等の世界に先駆けた実証、②高精度三次元地図作成等、データの戦略的収集・活用、協調領域の拡大、③国際的な制度間競争を見据えた制度整備）

3　サプライチェーンの次世代化（①データ連携の制度整備、②データ連携の先進事例創出・展開）

4　快適なインフラ・まちづくり（インフラ整備（公共工事の３次元データのオープン化、災害対応ロボット等）・維持管理の生産性向上）

5　FinTech（オープンイノベーション／キャッシュレス化の推進、チャレンジの加速（銀行によるオープンＡＰＩ、クレジットカードデータの利用にかかるＡＰＩ連携、新たな決済サービスの創出等））

本書では、これからも「人類が人工知能について責任を持って開発と活用すること」、「人間に寄り添う人工知能とすること」、を前提とし、高齢者が何歳になっても主体的に生きられる社会、未来の若者がいきいきと過ごせる社会システムの構築を目指して、２０２５年の未来予測をしました。

著者紹介

[推薦のことば]

池内　了（いけうち　さとる）

名古屋大学・総合研究大学院大学名誉教授、天文学者・宇宙物理学者

1944 年 12 月 14 日兵庫県姫路市生まれ。研究テーマは、宇宙の進化、銀河の形成と進化、星間物質の大局構造など。現在は、科学・技術・社会論に傾注。新しい博物学を提唱。科学エッセイや科学時事を新聞や雑誌に執筆している。

「お父さんが話してくれた宇宙の歴史」（岩波書店）で、第 13 回（1993 年度）日本科学読物賞、産経児童出版文化賞（JT 賞）を受賞。「科学の考え方・学び方」（岩波ジュニア新書）で、第 13 回（1997 年度）講談社出版文化賞（科学部門）、産経児童出版文化賞（推薦）を受賞。2000 年からの一連の著作物に対して、関科学技術振興財団より第 6 回（2008 年度）パピルス賞を受賞。

[発刊にあたって]

北野宏明（きたの　ひろあき）

株式会社ソニーコンピュータサイエンス研究所 代表取締役社長・所長
特定非営利活動法人システム・バイオロジー研究機構 会長

1984 年国際基督教大学教養学部理学科（物理学専攻）卒業後、日本電気株式会社入社。1988 年米カーネギー・メロン大学客員研究員。1991 年京都大学博士号（工学）。1993 年株式会社ソニーコンピュータサイエンス研究所入社、2011 年同代表取締役社長。1998 年 10 月～ 2003 年 9 月、JST ERATO 北野共生システムプロジェクト総括責任者兼務。2003 年 10 月～ 2008 年 9 月、同プロジェクトの発展継続プロジェクト、JST 北野共生システムプロジェクト（ERATO-SORST）総括責任者。2001 年 4 月、特定非営利活動法人システム・バイオロジー研究機構を設立、会長を務める。学校法人沖縄科学技術大学院大学教授、理化学研究所統合生命医科学研究センター疾患システムモデリング研究グループグループディレクター、ロボカップ国際委員会ファウンディング・プレジデントなど兼任。Computers and Thought Award（1993）、Ars Electronica Special Award（2000）、ネイチャーメンター賞中堅キャリア賞（2009）などを受賞。ベネチア芸術祭（2000）、ニューヨーク近代美術館 Worksphere Exhbition などで招待アーティスト。

[監　修]

AIX（Artificial Intelligence eXploration Research Center、人工知能先端研究センター）

国立大学法人電気通信大学が設置する、国立大学初の人工知能研究拠点。2016 年設立。「AI for X」を AI 研究に対する基本理念とし、これからの社会インフラを支える『人と共生して対応できる極めて汎用性の高い人工知能システム』の実現を目指し、汎用型 AI の開発を主眼とする新たな人工知能研究を推進している。
http://aix.uec.ac.jp/

[著　者]

栗原聡（くりはら　さとし）

電気通信大学大学院情報理工学研究科教授、人工知能先端研究センター長

1992 年慶應義塾大学大学院理工学研究科修士課程修了。NTT 基礎研究所、大阪大学大学院情報科学研究科／産業科学研究所准教授を経て、2013 年より電気通信大学大学院情報理工学研究科教授。2016 年より同大学人工知能先端研究センター・センター長。大阪大学産業科学研究所招聘教授。（株）ドワンゴ ドワンゴ人工知能研究所客員研究員。HONDA R&D-X アドバイザー、澪標アナリティクス技術顧問など。博士（工学）。人工知能、複雑ネットワーク科学、計算社会科学などの研究に従事。人工知能学会理事・編集委員長などを歴任。

[主な著書]「社会基盤としての情報通信」（共立出版）、「人工知能とは」（近代科学社）、「AI と人類は共存できるか？」（早川書房）
[翻　訳]「群知能とデータマイニング」、「スモールワールド」（東京電機大学出版局）
[編　集]「人工知能学事典」（共立出版）、「Reconstruction of the Public Sphere in the Socially Mediated Age」（Springer）など
[所属学会] 人工知能学会、電子情報通信学会、情報処理学会、人間情報学会、ACM

長井隆行（ながい　たかゆき）

電気通信大学大学院情報理工学研究科教授、人工知能先端研究センター教授

1997 年慶應義塾大学大学院理工学研究科博士後期課程修了。電気通信大学電気通信学部助手、カリフォルニア大学サンディエゴ校客員研究員を経て、現在、電気通信大学大学院情報理工学研究科教授。同大人工知能先端研究センター教授。玉川大学脳科学研究所特別研究員、産業技術総合研究所人工知能研究センター客員研究員を兼務。博士（工学）。知能・認知発達・記号創発ロボティクスの研究に従事。
Advanced Robotics Best Paper Award、人工知能学会論文賞、ロボカップ研究賞など受賞多数。

[主な著書]「だれでもわかる MATLAB 即戦力ツールブック」（共著 / 培風館）、「Bayesian Network」（共著 /Sciyo、2010）、「The Future of Humanoid Robotics - Research and Applications」（共著 /InTech、2012）
[所属学会] IEEE、電子情報通信学会、人工知能学会、日本ロボット学会

小泉憲裕（こいずみ　のりひろ）

電気通信大学大学院情報理工学研究科准教授

2004 年東京大学大学院工学系研究科産業機械工学専攻博士課程修了、2004 年 4 月より半年間、日本学術振興会特別研究員（受入機関：産業技術総合研究所）、同年 10 月より東京大学大学院工学系研究科科学技術振興特任助手、2007 年より同講師、2015 年より電気通信大学大学院情報理工学研究科准教授。博士（工学）。非侵襲超音波診断・治療統合システム、遠隔超音波診断システムの構築法に関する研究、超音波心臓癒着評価システム、医療診断・治療技能の技術化・デジタル化（医デジ化）に関する研究などに従事。日本設計工学会 The Most Interesting Readings 賞（2015 年）、日本機械学会ロボティクス・メカトロニクス部門一般表彰（2009 年）、精密工学会春季大会 ベストプレゼンテーション賞（2006 年）を受賞。

[主な著書]「医療ナノテクノロジー —最先端医学とナノテクの融合—」（杏林図書、編集委員、分担執筆）
[所属学会] 米国電気電子学会（IEEE）、アメリカ機械学会（ASME）、日本超音波医学会、日本ロボット学会、日本機械学会、日本コンピュータ外科学会、精密工学会、日本音響学会

内海彰（うつみ　あきら）

電気通信大学大学院理工学研究科教授、人工知能先端研究センター教授

1993年東京大学大学院工学系研究科情報工学専攻博士課程修了。同年、東京工業大学大学院総合理工学研究科助手、同研究科講師、電気通信大学電気通信学部助教授、准教授を経て、2013年より電気通信大学大学院情報理工学研究科教授。博士（工学）。言語やその周辺を対象とした認知科学、自然言語処理、人工知能の研究に従事。日本認知科学会常任運営委員、編集委員長。

[主な著書]「メタファー研究の最前線」（ひつじ書房、分担執筆）、「Irony in Language and Thought」（Lawrence Erlbaum Associates、2007、分担執筆）
[所属学会] Cognitive Science Society、日本認知科学会、人工知能学会、言語処理学会、情報処理学会

© オスカープロモーション

坂本真樹（さかもと　まき）

電気通信大学大学院情報理工学研究科教授、人工知能先端研究センター教授

1998年東京大学大学院総合文化研究科言語情報科学専攻博士課程修了。東京大学大学院総合文化研究科専攻助手、電気通信大学電気通信学部講師、准教授を経て、2015年電気通信大学大学院情報理工学研究科教授。2016年より人工知能先端研究センター教授を兼務。博士（学術）。2016年10月よりオスカープロモーション所属（業務提携）。言葉と感性の結びつきに着目したscienceとengineeringを融合した研究手法に特徴がある。2012年度IEEE国際会議にてBest Application Award、2014年度人工知能学会論文賞など受賞多数。

[主な著書]「坂本真樹先生が教える人工知能がほぼほぼわかる本」（オーム社）、「坂本真樹と考える　どうする？人工知能時代の就職活動」（エクシア出版）など
[所属学会] 人工知能学会（代議員、学会誌編集委員）、日本認知科学会（運営委員）、情報処理学会、VR学会、感性工学会、広告学会など

久野美和子（くの　みわこ）

電気通信大学客員教授、内閣府地域活性化伝道師

千葉大学薬学部（微生物専攻）卒業。製薬企業研究所を経て、経済産業省に転職。関東経済産業局情報政策課長、資源エネルギー環境部次長兼産業部担当次長などにおいて、情報・企画・地域振興分野の政策・施策を開拓。
大学勤務としては埼玉大学特命教授を経て、現在、電気通信大学客員教授。併せて、産学官金連携分野では、（財）常陽地域研究センター研究参与、（株）常陽産業研究所顧問を経て、内閣府地域活性化伝道師、（一社）フードビジネス推進機構専務理事、日本介護事業連合会事務局長、つくばサイエンスアカデミー運営会議委員・総務委員、研究・イノベーション学会のイノベーション・フロンティア分科会立上げ、プロデュース研究分科会主査など、イノベーションと地域創生分野のマルチプロデュースを手がけている。自称、ねこ仙人

カバーイラスト：**石黒正数（いしぐろ まさかず）**

人工知能といえば意思を持ったロボット、人類に反乱を起こす人工知能、というSF映画のような印象だったものが、ここ数年で一気に現実的な姿かたちとして捉えられるようになり、世間の人工知能に対する意識も随分変わったように思います。願わくばこの先の未来、人工知能が便利で身近なパートナーでありますようにという思いを表紙イラストに込めました。

■ま行

■や行

■ら行

■わ行

■た行

■な行

■は行

■か行

■さ行

索引

・カバーイラスト：石黒正数
・本文イラスト：廣　鉄夫

人工知能と社会
2025年の未来予想

平成30年2月15日　　第1版第1刷発行

監　修　AIX（人工知能先端研究センター）
著　者　栗原　聡・長井隆行・小泉憲裕
　　　　内海　彰・坂本真樹・久野美和子
発行者　村上和夫
発行所　株式会社オーム社
　　　　郵便番号　101-8460
　　　　東京都千代田区神田錦町3-1
　　　　電話　03(3233)0641(代表)
　　　　URL　http://www.ohmsha.co.jp/

組版　トップスタジオ　　印刷・製本　壮光舎印刷
ISBN978-4-274-22181-1　Printed in Japan